内蒙古自治区自然科学基金项目（2021BS05011）

基于临界散体柱支撑理论的
矿山安全高效开采技术

张东杰 / 著

四川大学出版社
SICHUAN UNIVERSITY PRESS

图书在版编目（CIP）数据

基于临界散体柱支撑理论的矿山安全高效开采技术 /
张东杰著 . 一 成都 ：四川大学出版社，2022.10
　（资源与环境研究丛书）
　ISBN 978-7-5690-5663-1

　Ⅰ．①基… Ⅱ．①张… Ⅲ．①矿山开采－安全技术－
研究 Ⅳ．① TD7

中国版本图书馆 CIP 数据核字（2022）第 179254 号

书　　名：基于临界散体柱支撑理论的矿山安全高效开采技术
　　　　　Jiyu Linjie Santizhu Zhicheng Lilun de Kuangshan Anquan Gaoxiao Kaicai Jishu
著　　者：张东杰
丛 书 名：资源与环境研究丛书

丛书策划：庞国伟　蒋　玙
选题策划：蒋　玙
责任编辑：肖忠琴
责任校对：蒋　玙
装帧设计：墨创文化
责任印制：王　炜

出版发行：四川大学出版社有限责任公司
　　　　　地址：成都市一环路南一段 24 号（610065）
　　　　　电话：（028）85408311（发行部）、85400276（总编室）
　　　　　电子邮箱：scupress@vip.163.com
　　　　　网址：https://press.scu.edu.cn
印前制作：四川胜翔数码印务设计有限公司
印刷装订：四川省平轩印务有限公司

成品尺寸：170mm×240mm
印　　张：9.75
字　　数：184 千字

版　　次：2022 年 10 月 第 1 版
印　　次：2022 年 10 月 第 1 次印刷
定　　价：48.00 元

四川大学出版社
微信公众号

本社图书如有印装质量问题，请联系发行部调换

前　言

　　近年来，随着矿产浅部资源逐步开采殆尽，浅部残矿资源与深部矿产资源逐渐投入使用，采矿不断向深部发展，这对采矿工艺技术提出了更高的要求。大量矿山生产实践表明，受地质构造、岩层产状、采矿方法及地应力等因素的影响，开采可能导致巷道围岩产生大的位移与变形，采场发生片帮与冒落，对井下安全生产环境构成威胁。当上覆岩体变形不断发展并冒落至地表后，还会引起地表发生沉降，或者形成明显的塌陷坑，对地表环境、工业设施、运输道路及人员安全都会造成威胁。因此，对于复杂地质与矿岩条件，特别是针对浅部残矿资源与深部矿产资源的有效回收，寻求适合的安全高效开采技术，最大限度地提高生产安全作业条件，合理预测与控制地表岩移是非常必要的。

　　本书以锡林浩特萤石矿作为工程研究背景，深入研究采动岩移及其控制理论，据此提出竖井保安矿柱优化新方法、空区治理与竖井稳固方法、矿柱矿量安全高效回采方法及地表塌陷与岩移控制方法，在释放矿柱矿量的同时保障竖井稳定性，并降低矿石贫化率与提高矿石回采率，实现矿山安全高效开采的目标，研究具有重要的理论指导意义与应用价值。

　　本书研究内容属于多学科综合知识的融合，涉及采矿学、矿山岩体力学、工程地质学、统计学及计算机科学等多个学科，是作者长期研究成果的总结。本书的相关研究得到了课题组成员及矿山各级领导与技术人员的大力支持和帮助。在此，感谢锡林浩特萤石矿各级领导及技术人员在研究中给予的关心与帮助。感谢东北大学任凤玉教授对研究选题、论证及实践方面的悉心指导，整个过程倾注了任老师的心血与汗水，任老师渊博的学术知识、严谨的治学态度、谦逊的工作作风及孜孜不倦的科研精神深深地感染了我，使我受益终生。在此，向我的恩师任凤玉教授致以最崇高的敬意和最衷心的感谢！本书在撰写过程中，还得到了韩智勇、曹建立、何荣兴、丁航行、宋德林、刘洋、贾廷贵、郭帅等的指导与帮助，在此表示衷心的感谢和诚挚的敬意！

本书的出版得到了内蒙古自治区自然科学基金项目（2021BS05011）的资助，编写中参阅了相关专家、学者的大量文献，在此一并表示感谢！

由于时间仓促及个人水平有限，书中难免存在不足之处，敬请专家、学者、同行不吝赐教与指正。

张东杰

2022 年 3 月 21 日于包头

目　录

第1章　概论

1.1　研究背景

在地下非煤矿山开采中，受矿山地质条件、勘探程度及矿山达产需求等方面的影响，在矿山开采过程中工作人员将竖井布置在采动岩移范围内，此时一般按照岩移角进行保安矿柱的圈定，当矿体规模较小时，随着采矿延深，保安矿柱矿量的比例越来越大，可采矿量越来越少，将造成巨大的资源浪费与经济损失。为了追求经济效益最大化，有些人对保安矿柱圈定范围以内的矿体进行不合理的开采，对竖井的稳固性及安全运行造成了威胁。因此，在开采急倾斜中厚矿体时，采用合理的保安矿柱圈定与竖井稳固方法，以及有效的地表塌陷与岩移控制技术，对于保障矿山安全生产、提高矿山开采经济效益、保护地表工业设施与环境、减少征地成本至关重要。

上述关键技术问题可以概括为：①如何优化保安矿柱，释放矿柱矿量；②面对竖井保安矿柱被破坏的现状，如何保障竖井的稳定性；③如何处理井下采空区，消除空区顶板冒落可能带来的危害；④如何安全高效地回收矿柱矿量与开采深部矿体，提高矿石回收率，降低矿石贫化率；⑤如何预测与评估地表塌陷及岩移发展趋势，并提出有效的地表塌陷与岩移控制方法。

通过深入研究采动岩移及其控制理论，据此提出竖井保安矿柱优化新方法、空区治理与竖井稳固方法、矿柱矿量安全高效回采方法及地表塌陷与岩移控制方法，形成系统的矿山安全高效开采技术，对于实现矿山安全高效开采具有重要的理论意义与实践价值。

1.2 研究现状综述

1.2.1 散体侧压力研究现状

受多种因素影响，矿岩散体的力学性质比较复杂，侧压力作为重要参数广泛应用于散体力学特性分析，散体侧压力的相对大小一般采用侧压力系数来表示。在土力学中，土体在半无限条件下受压时，侧向有效压力与垂直有效压力之比，称侧压力系数；在岩体力学中，侧压力系数是指水平应力与垂直应力之比。散体侧压力系数与散体间的摩擦力、黏聚力及自然安息角等因素紧密相关。当散体无黏聚力时，自然安息角一般等于或者略小于内摩擦角；当散体有黏聚力时，自然安息角一般大于内摩擦角。由于自然安息角的确定取决于多种因素（散体粒径大小、摩擦系数、孔隙度等），因此侧压力系数无法采用特定的数值来表示，这导致不同类型散体之间的侧压力分析方法也存在一定差别。矿岩散体对于边壁围岩的支撑作用主要体现在两个方面：其一，利用矿岩散体自身的强度来平衡边壁围岩的应力分布；其二，利用矿岩散体与边壁岩体之间的相互作用力（侧压力）阻止岩体变形与破坏。因此，在研究矿岩散体的作用机理时应采用适合矿岩散体特性的理论分析方法，关于散体侧压力分析与研究的相关理论主要有以下 6 种：

（1）Janssen 理论。

Janssen 于 1895 年利用静力平衡理论得到了 Janssen 公式。基本假设：①筒仓内同一水平面上各点的垂直应力相同；②筒仓内散粒体的水平压力 P 与垂直压力 Q 正相关，$Q = kP$，k 为侧压力系数；③假设散粒体沿筒壁的滑移阻力为 $\tau = \mu'Q + c_0$，其中 μ' 为散粒体与筒壁的摩擦系数，c_0 为黏聚力；④忽略筒底的影响；⑤假设颗粒是不能压缩的。

$$Q = \frac{\gamma R}{k\mu'}(1 - \mathrm{e}^{\frac{-\mu'k\gamma}{R}}) \tag{1.1}$$

$$P = \frac{\gamma R}{\mu'}(1 - \mathrm{e}^{\frac{-\mu'k\gamma}{R}}) \tag{1.2}$$

式中，γ 为散粒体的重度，kN·m^{-3}；R 为筒仓水平截面面积与筒仓横截面周长的比值，m。

由于 Janssen 理论考虑的是静力条件下的应力状态，而没有考虑运动状态下的散体应力变化情况，在实际应用中无论是矿体还是料仓，往往都会存在一定的倾斜角度，而 Janssen 理论并没有考虑这种情况，因此采用该理论公式无法反映出矿岩散体侧压力随角度改变的变化规律。

（2）Airy 理论。

Wilfred Airy 于 1897 年利用土力学中的滑动楔形体理论得到了筒仓侧压力的计算式，基本假设为散体颗粒楔角沿剪切破裂面滑动对仓壁施加压力。

筒仓某点处侧压力表达式：

$$P = \frac{1}{2}\gamma Y^2 \left[\frac{1}{\sqrt{\mu(\mu + \mu')} + \sqrt{1 + \mu^2}} \right]^2 \tag{1.3}$$

式中，μ 为内摩擦系数；μ' 为外摩擦系数；Y 为筒仓中 Y 点位置的散粒体垂直高度，m。

（3）库伦土压力理论。

1773 年，法国学者库伦基于滑动楔体静力平衡条件建立了一种简单适用的土压力计算表达式。基本假设为：①墙后填土为理想散粒体（无黏聚力）；②墙后填土产生主动或被动侧压力时，填土形成滑动楔体；③滑动楔体为刚体，忽略其内部的应力分布及变形特征。

主动土压力及主动土压力系数计算式：

$$P_a = \frac{1}{2}\gamma H^2 K_a \tag{1.4}$$

$$K_a = \frac{\cos^2(\varphi - \alpha)}{\cos^2\alpha \cdot \cos(\delta + \alpha) \cdot \left[1 - \sqrt{\dfrac{\sin(\varphi + \delta) \cdot \sin(\varphi - \beta)}{\cos(\delta + \alpha) \cdot \cos(\alpha - \beta)}} \right]} \tag{1.5}$$

被动土压力及被动土压力系数计算式：

$$P_b = \frac{1}{2}\gamma H^2 K_b \tag{1.6}$$

$$K_b = \frac{\cos^2(\varphi + \alpha)}{\cos^2\alpha \cdot \cos(\delta - \alpha) \cdot \left[1 - \sqrt{\dfrac{\sin(\varphi + \delta) \cdot \sin(\varphi + \beta)}{\cos(\alpha - \delta) \cdot \cos(\alpha - \beta)}} \right]} \tag{1.7}$$

式中，P_a 为主动土压力；K_a 为主动土压力系数；H 为筒仓中 H 点位置的散粒体垂直高度，m；φ 为散粒体沿筒壁的滑移阻力，kN；P_b 为被动土压力；K_b 为被动土压力系数；α 为墙背与铅直线的夹角，逆时针为正；β 为土体表面与水平面所成的夹角；δ 为土体与墙背的摩擦角，由试验或规范确定。

（4）朗肯土压力理论。

1857 年，由英国学者朗肯基于半空间体的应力状态与土体极限平衡理论得到了土压力计算表达式。基本假设：①墙体为刚性，忽略墙身变形的影响；②墙后填土面水平且无限延伸；③墙背直立光滑。

主动土压力及主动土压力系数计算式：

$$P_a = \frac{1}{2} K_a \gamma H^2 - 2cH\sqrt{K_a} + \frac{2c^2}{\gamma} \qquad (1.8)$$

$$K_a = \tan^2\left(45° - \frac{\varphi}{2}\right) \qquad (1.9)$$

被动土压力及被动土压力系数计算式：

$$P_b = \frac{1}{2} K_b \gamma H^2 + 2cH\sqrt{K_b} \qquad (1.10)$$

$$K_b = \tan^2\left(45° + \frac{\varphi}{2}\right) \qquad (1.11)$$

式中，c 为土的黏聚力；H 为填土埋深；φ 为内摩擦角；γ 为填土的重度。

（5）改进的古典杨森理论。

陈喜山等根据古典杨森理论，得到了不同斜壁倾角下散体侧压力的分布规律，扩大了古典杨森理论的应用范围。散体侧压力计算表达式如下：

$$P = \frac{\gamma S}{fk} \cdot \sin\alpha \cdot \left(1 - \frac{f}{\tan\alpha}\right) \cdot \left[1 - \exp\left(-\frac{fk}{S\sin\alpha} \cdot z\right)\right] \qquad (1.12)$$

式中，γ 为散体的重度，$kN \cdot m^{-3}$；S 为类料仓水平投影面积，m^2；f 为散体与侧壁的摩擦系数，$f = \tan\varphi$，φ 为散体与侧壁的摩擦角，$°$；z 为散体的垂深，m；k 为散体的侧压力系数，$k = \dfrac{1 - \sin\theta}{1 + \sin\theta}$，$\theta$ 为散体内摩擦角；P 为边壁所受平均侧压力，kPa；α 为斜壁倾角，$°$。

该表达式在一定程度上反映了筒仓中散体侧压力随倾角、筒仓尺寸等参数的变化趋势，具有一定的实际意义。在此基础上，陈喜山结合矿山生产实际提出了适用于急倾斜薄矿体开采散体侧压力计算表达式，并通过现场实际应用验证了其可靠性。

$$P = 1.39 \cdot \frac{\gamma l \sin\alpha}{2k\tan\varphi} \left(1 - \frac{\tan\varphi}{\tan\alpha}\right)^{1.16} \cdot \left[1 - \exp\left(-2.36k \cdot \frac{\tan\varphi}{\sin\alpha} \cdot \frac{z}{l}\right)\right]$$

$$(1.13)$$

式中，l 为矿体厚度。

（6）临界散体柱理论。

任凤玉教授结合矿山生产实际，通过对弓长岭铁矿塌陷坑内的散体堆积高度与地表塌陷范围进行调查分析，提出了临界散体柱支撑理论，认为塌陷坑内一定深度的散体层对边壁施加的主动侧压力与被动侧压力能够阻止边壁岩体的碎胀，进而限制边坡岩体的片落及通达地表的塌陷，这一散体层高度称为临界散体柱。研究给出了散体对侧壁的法向压应力表达式：

$$\tau = \sigma(\sin\theta\cot\theta_0 - \cos\theta), \quad \theta_0 \leqslant \theta \leqslant 90^\circ \tag{1.14}$$

式中，τ 为作用在侧壁散体法向压应力，N；σ 为散体的垂向压应力，N，$\sigma = \gamma H$，γ 为散体的重度，kN/m³，H 为散体的高度，m；θ_0 为散体坡面角，°；θ 为侧壁倾角，°。令 $\lambda = \sin\theta\cot\theta_0 - \cos\theta$，则称 λ 为散体对侧壁的侧压力系数。

通过进一步研究，给出了塌落角与临界散体柱位置深度间的关系表达式：

$$\beta = \arctan\left[\frac{H}{h_0(\cot\alpha + \cot\beta_0) - H\cot\alpha}\right] \tag{1.15}$$

式中，β 为上盘塌落角，°；α 为矿体上盘壁面倾角，°；β_0 为岩移角，°；H 为散体高度，m；$\overline{h_0}$ 为临界散体柱位置深度，m。

上述关于散体侧压力理论的研究中，前四种理论应用比较普遍，Janssen 理论考虑的是静力条件下的应力状态，忽略了筒底的影响；Airy 理论、库伦土压力理论及朗肯土压力理论主要应用于土力学研究范畴，忽略了边界条件及壁面变形的影响。陈喜山基于古典杨森理论提出的废石充填散体应力计算式，主要应用于急倾斜薄矿体开采中废石充填散体对底板的应力分析。任凤玉提出的临界散体柱理论是在急倾斜中厚矿体开采导致地表塌陷这一背景下提出的，考虑了矿体倾角及散体坡面角的影响，并成功应用于弓长岭铁矿、西石门铁矿及小汪沟铁矿岩移分析。由于矿岩散体粒径分布不均匀，彼此间相互作用较为复杂，在上述理论研究成果的基础上，重点研究散体在移动（放矿）条件下侧压力的变化特征、移动散体的临界散体柱作用机理、临界散体柱的确定及其主要影响要素，以将理论更好地应用于实际，解决急倾斜中厚矿体开采中面临的主要技术难题。因此，分析移动条件下散体侧压力的变化规律，并阐明临界散体柱的作用机理，对于理论指导实践具有重要意义。

1.2.2　保安矿柱优化及回采研究现状

我国大部分急倾斜中厚矿体的金属及非金属地下矿山，为保障竖井运行不受井下开采岩移威胁，普遍采用留设保安矿柱的方法来保护竖井，一般依据岩移角来进行保安矿柱的圈定。对于矿体埋深较浅，矿柱内矿石分布较少且品位及价值不高的矿山来说，这样的圈定方法在一定程度上可以取得较好的保护效果。但是，近年来随着浅部矿产资源开采殆尽，采矿不断向深部延伸。对于矿体埋深较大、矿柱内矿体分布多、矿石品位及价值均较高的矿山而言，这样的圈定方法必然会导致大量的矿石损失于地下而无法回收。针对急倾斜中厚矿体条件，寻求一种安全合理的竖井保安矿柱圈定方法，一直是矿山开采中亟须解决的问题。例如，金川二矿区的 14 号行风井位于采动影响范围内的高应力拉张区，竖井保安矿柱不断遭受岩移的破坏，导致井壁发生了变形及破裂；澳大利亚艾萨山铜矿，由于断层斜切竖井，所留设的保安矿柱在采动影响下遭到了破坏，致使断层发生活化，竖井周围岩移加剧，最终导致竖井衬砌发生了错位；梅山铁矿一盲竖井位于辉石安山岩与闪长玢岩中，由于岩层节理裂隙发育，在采动应力与构造应力的作用下，井壁位移明显，导致井筒发生变形，严重影响了井下提升作业；鲁中矿区在地下开采过程中，受采矿方法与上覆地层软岩特性的影响，在地表形成了大规模沉降区域，导致岩移不断向竖井方向发展，造成竖井变形，对竖井稳固性构成威胁。竖井就是矿山的"咽喉"，近竖井周围矿体的开采应以保护竖井安全稳定运行为前提，使竖井尽可能避免遭受采动岩移的影响，这时保安矿柱的重要性将更加突出。

竖井保安矿柱主要依靠地表工业设施受保护等级所要求的安全距离来进行确定，以该距离的边界为起点，按照测定的岩移角向下延伸确定井下保安矿柱的分布范围，而岩移角的确定与岩层移动理论息息相关。岩层移动理论主要包括岩体渐进崩落及断裂理论、矿山岩体力学与岩层移动理论、随机介质理论等。近年来，随着采矿技术水平的不断进步及矿产资源需求的不断增加，人们对一些复杂地质及开采条件下的矿体已经具备开采能力。对于竖井保安矿柱附近的矿体而言（如美国的霍姆斯特克矿、加拿大黄金巨人矿及我国的锡矿山南矿、红透山铜矿、招远金矿三矿区等），都取得了一定的回收效果。竖井保安矿柱的优化与回收一直是矿山企业及科研人员重点研究的问题。McMullan Jennifer 等在近竖井保安矿柱回收的研究中，提出了"卸压槽"分隔竖井与采场的方法，在矿柱回收的同时有效保护了竖井的稳固性。Johnson J C 等针对霍姆斯特克矿竖井保安矿柱大量压矿的问题，运用数值分析与现场监测相结合的方法优化了矿柱回采顺序，评估了开采对竖井稳定性的影响，实现了矿柱的安全回收。Bruneaua G 等面对艾萨山铜矿竖井遭受空区及断层综合破坏的现实条件，研究提出了通过在竖井及空区间留设间距的方法来保护竖井，并取代了常规利用岩移角圈定的方法。阿戈柳科夫等研究提出了应用胶结分层充填法回采竖井保安矿柱的方法，其开采效益相对之前的崩落法而言，具有明显的提高。高志国等利用数值模拟分析手段研究了程潮铁矿在保安矿柱回收时地表岩移的变形规律，评估了开采对竖井稳定性的影响，提出了地表变形与采场地压协同监测回采保安矿柱的技术措施。宋卫东等利用物理相似模拟方法研究了程潮铁矿保安矿柱安全回采方法，通过测点分析围岩应力变化及地表位移规律，得出房柱法与无底柱分段崩落法相结合的开采方法。吴爱祥等将尖点突变理论应用到保安矿柱稳定性评价分析中，利用数值模拟与地表 GPS 监测验证了该理论应用的可靠性。杨清平等将未确知测度理论应用到保安矿柱稳定性评价分析中，并结合数值分析结果验证了该理论应用的可靠性。江文武等利用数值模拟方法评估了金川二矿区风井保安矿柱受采动及地压影响的重要性，研究表明随着矿柱垂高的增加，矿柱本身刚度及强度都会被削弱，应考虑适时对矿柱进行回收。刘志新等采用数值模拟方法对某铜矿开采过渡阶段保安矿柱厚度进行了优化，确定了合理的保安矿柱厚度。周勇等采用理论计算分析与现场监测相结合的方法研究了地表岩移对保安矿柱回收的影响，提出了地表监测与充填开采同步进行的矿柱回收方法。朱浮声利用数值分析方法评估了板块矿体开采对竖井的影响，经过多方案试算分析，重新圈定了保安矿柱，并进行了部分回收。宋德林等针对西石门铁矿斜井保安矿柱压矿量大等问题，提出了利用塌落角重新圈定保安矿柱，释放的矿量采用无底柱分段崩落法＋诱导冒落法相结合的方法进行了有效回收。唐湘华针对锡矿山锑矿构筑物及河床下保安矿柱赋存的复杂条件，研究了采用人工壁柱房柱法与充填相结合的回采方法，矿石回收率高于 90％，贫化率低于 8％。张洪训等利用数值分析方法对新城金矿竖井保安矿柱进行了重新圈定及压矿量统计，根据分析结果，指出矿体回采的应力集中主要体现在采场周边及充填体内部，在加强监测的前提下，可以对新矿柱外围矿体进行回收。

综上所述，在保安矿柱优化与回采研究中，主要采用理论分析、数值与物理相似模拟、现场监测等方法进行优化与回采，研究集中于对圈定后的矿柱矿量如何进行合理回采，而对于圈定方法改进方面的研究相对较少，大部分研究忽略了塌陷坑内散体的侧向支撑作用。因此，针对急倾斜中厚矿体的开采条件，提出一种考虑散体侧向压力作用的竖井保安矿柱优化方法尤为重要。

1.2.3　采空区治理研究现状

地下矿山采用崩落法或空场法开采时，形成的未处理采空区对井下人员、空区上方的地表工业设施及生态环境均会构成严重威胁。例如，南非的 Coalbrock North 矿于 1960 年发生了空区导致的世界上最大规模的顶板冒落冲击气浪灾害，导致 42 人死亡；1999 年，山东马塘金矿因井下开采导致空区顶板冒落至地表，发生严重的地表塌陷事故，造成了严重的人员伤亡；河北尚汪庄石膏矿由于开采年限长，在井下形成了不同规模及数量的采空区，并遭受了无序开采，所留矿柱较小，于 2015 年 11 月发生了顶板冒落冲击地压灾害，造成 33 人死亡、40 人受伤的严重后果；山东黄金集团盛大铁矿于 2015 年 10 月受空区冒落影响发生地表塌陷事故，地表塌陷区内 8 人失联。因此，及时治理采空区是矿山企业安全生产中的重要保障。近年来，采空区治理也逐渐成为我国矿山企业所面临的主要问题，主要涉及治理成本、治理安全可靠性及技术可行性等因素。

针对不同的采矿技术和条件，采空区治理的处理方法主要有崩落法、充填法、支撑法、封闭隔离法等，以及近年来发展起来的切槽放顶法、切顶与矿柱崩落法、硐室与深孔爆破法等。在采空区治理研究方面，Jones 等研究了采矿空区塌陷对公路的影响；Sergeant 等探索了采矿及下伏空洞对建筑物地基的危害；Jia H W 等综合评价了内蒙古某铅锌矿多级大型采空区群的稳定性，采用理论分析和三维激光扫描技术相结合，对各采空区的回填量进行了定量分析；Xiao C 通过数值模拟分析流变爆破破坏中采空区垂向应力分布、垂向位移和顶板塑性；贾翰文等基于三维激光扫描技术定性分析了采空区的稳定性，定量计算了各采空区的体积，并给出采空区充填顺序。任凤玉在桃冲铁矿采空区处理方法研究中，提出并实施了扩展采空区顶部面积、诱导采空区顶板围岩自然冒落的采空区处理技术；在书记沟铁矿相邻空区诱导冒落技术研究中，提出崩落两空区之间岩柱，将相邻两空区连为一体进行诱导冒落的采空区处理方法；在排山楼金矿采空区处理研究中，对下位深部空区提出了井下诱导冒落+地表充填覆土的空区治理方法，有效控制了活动空区的冒落危害。李俊平等提出应用切顶与矿柱崩落法处理木架山采空区。刘献华阐明了地下采空区的赋存特征和围岩稳定性变化的基本规律，提出了双层双侧硐室爆破和崩柱卸压的技术。陈庆发等运用离散元程序进行稳定性计算分析，将采空区调整为部分切割工程、自由爆破空间或采场，从而确定了各种规模空区的处理方案。刘洪磊等应用数值模拟技术，研究了隔离采空区的隔离层厚度、隔离层留设位置等因素。潘懿等采用三维数值模拟等方法分析了采空区顶板为不同岩性时的保安层厚度，为采空区处理提供了有效依据。张飞等提出了强制崩落上盘围岩并诱导上盘逐渐崩落围岩充填采空区的治理方法。徐必根等针对广西北山矿业公司 4 号特大采空区具有体积大、形状不规则的特征，提出了采空区顶板条形药室大爆破崩落处理方案。陈庆发等在采空区稳定性分析的基础上，将采空区调整为部分切割工程或自由爆破空间，从而确定各种规模空区的协同处理方案。吴爱祥等通过建立物理模型，计算分析了空区顶板冒落的冲击波强度与垫层的消波效果。王金安等通过构建采空区矿柱—顶板体系流变力学模型，得到采空区顶板受流变影响的位移控制方程。杜坤等首次将物元分析引入采空区风险评价中，通过现场应用与数值验证，证明该方法是客观可行的。章林等通过对空区进行三维探测与数值建模，构建了采空区风险评估治理协同技术，并取得了成功应用。尚振华等将空区破坏概率分析引入采空区稳定性评价中，利用数值技术定量研究了采空区的稳定性问题。宫凤强等将未确知测度理论引入多空区风险评价中，为矿山安全开采与控制处理提供了新方向。

综上所述，采空区治理方法研究涉及力学分析、数值模拟、开采工艺技术改进及风险评估等多种方法，为采矿区治理方法的研究提供了很好的思路。在上述研究的基础上，提出一种综合多因素考虑的采空区治理技术的优选方法，以此确定出最佳的采矿治理方法，对于矿山开采经济效益最大化具有重要意义。

1.2.4　地表岩移预测及控制研究现状

在地下采矿过程中，开采导致的应力重新分布将引起顶板及围岩发生位移、变形和破坏，当岩体冒落传播至地表后，便会形成显著的地表沉降，甚至造成大规模的地表塌陷坑，对地面构筑物、运输道路、河流、工业设施及农田构成严重威胁。因此，为将岩移及塌陷可能带来的危害降到最低，准确预测地表塌陷及岩移发展趋势，及时提出合理的地表岩移控制措施对矿山安全生产意义重大。

地表塌陷一般表现为沉降发展，主要包括崩落区、裂隙扩展区及沉降区。地表岩移区的圈定与竖井保安矿柱圈定方法类似，根据矿体开采情况，按照岩层的岩移角从开采最低边界分别沿矿体走向与倾向向地表延伸，将所有与地表水平面的交点连接起来所形成的封闭区域即为该矿山的地表岩移范围。地下矿山开采引起的岩移及沉降是岩体开挖后响应的结果，其涉及复杂的运动学机制，而地表岩移发展又取决于多种因素（如采矿方法、采矿深度、地质条件和岩体结构等）。目前，研究采矿引起地表沉降与岩移的方向主要分为以下四类。第一类是理论分析法，利用岩层移动相关理论，提出适合特定矿体条件的理论预测模型，并通过现场监测来验证其可靠性。钱鸣高等提出了控制顶板岩层移动及底边沉降发展的关键层理论；郝延锦等将弹性板理论引入开采导致地表沉降与岩移的预测模型建立中，并取得了良好的效果。第二类是物理相似实验模拟方法，通过建立类似于实际工程的物理模型，分析采矿影响下岩体的位移、应力和破坏以及地表沉降的发展。鞠金峰等研究了地表阶梯沉降发展机制，提出了主关键层和次关键层在地表岩移与沉降发展中的重要影响；Sun Q等研究了顶板岩层移动特征和导水裂隙的演化规律，在此基础上提出了 SBM 技术，以有效地控制岩层移动和变形。第三类是现场监测方法，如全站仪测量、GPS监测、InSAR技术、井下电视监测和微震监测等。王金安等通过现场监测，分析了河床附近岩体的裂隙发展和地表沉陷特征，提出了河床防渗四要素结构；赵永等利用微震技术分析了从露天到地下采矿过程中采空区和地表边坡的稳定性，并研究了岩移机理。第四类是数值模拟方法，如有限元法（FEM）、有限差分法（FDM）和离散元法（DEM）。赵海军等分析了不同应力场下的岩移机制和地表沉降特征。Xu N X 等提出了一种基于 EJRM（Equivalent Jointed Rock-mass Model）的数值方法研究节理岩体影响下的岩层移动和地表沉降特性。

在地表岩移与沉降理论研究方面，有 Gonot 的"垂线理论"、Gonot 与 Dumont 的"法线理论"、耳哈西的"自然斜面理论"、裴约尔的"拱形理论"、豪斯的"分带理论"等，这些研究都建立了与岩移相关的理论模型，为地表岩移及沉降的研究起到了重要的推动作用。此后，Halbaum 将悬臂梁理论应用于空区顶板岩体的移动及变形规律研究；Litwiniszyn 将随机介质理论引入采动引起的地表沉降与岩移分析；Salamon 基于弹性理论得到了面元理论，成功将边界元法应用于地表岩移及沉降研究；Toraño J 等基于统计学原理，将水平应变分析与剖面函数法相结合，并应用于急倾斜煤层开采的地表沉降预测；Kratzsch 提出了有关地表岩移的"采动损害及其防护"；Brauner 基于影响函数法，提出了利用积分网格法预测岩移及沉降范围的方法。Salmi、Fathi 利用数值分析技术研究了岩体的层理及节理对地表沉降及边坡稳定性的影响。刘宝琛等编写的《煤矿地表移动的基本规律》，首次将概率积分法应用到开采沉降预测中；钱鸣高提出了关键层理论，并广泛应用于岩层移动机理研究中；刘天泉等在对水平煤层、缓倾斜煤层、急倾斜煤层进行开采的过程中，将边界元法引入地表沉降变形分析中，得到了岩移错位理论。谢和平成功将非线性大变形方法应用于岩移分析；何国清等将影响函数法成功应用于地表岩移分析中；王泳嘉将离散单元法和边界元法应用到开采沉降研究中；赵海军等采用理论分析与数值模拟的方法研究了在急倾斜断层影响下，矿体、上盘围岩、下盘围岩开挖的岩移规律与变形机理；袁海平等应用数值模拟分析了空区形态对岩移变化的影响，指出无论空区形态如何，所形成的地表塌陷形态均表现为似圆形；夏开宗和陈从新通过现场监测深入研究了不同开采水平下岩体冒落及地表岩移变化规律，指出岩层移动具有突变性；王悦汉等建立了采动岩体动态力学模型，编制了岩层移动的可视化程序，实现了动态预测岩移发展过程；李海英、任凤玉研究提出优化挂帮矿开采顺序和高度来控制边坡岩体片落方向，使岩移危害得到有效控制；任凤玉、张东杰根据平行矿带高落差开采的岩移控制需求，提出了利用充填塌陷坑控制地表塌陷的新型岩移控制技术；张成平等应用普氏拱理论研究了浅埋隧道开挖过程中地表沉降机理，并提出了超前钻孔探测与支护的塌陷控制措施；曹帅、宋卫东利用数值模拟及现场监测的方法验证了地表缓慢—突然—缓慢沉降交替发展特征；刘辉等应用基本顶"O－X"破断原理与关键层理论研究了采动影响下地表塌陷型裂缝的形成机理与演化规律；李文秀等采用现场监测与数值分析方法，研究了构造应力对深部矿体开采导致的地表岩移机理；邓清海等应用 GPS 监测技术与 GIS 分析系统研究了地表沉降的时空演化规律；刘玉成等修正了用于表征地表沉降的 Knothe 时间函数，建立了主断面地表下沉曲线变化的动态过程模型；赵晓东等应用弹性力学理论构建了岩层移动的复合层板模型；张亚民等研究了高应力影响下露天转地下开采中岩移机理；黄平路等研究了厚覆盖层影响下地下开采导致地表塌陷的成因与机理；周晓超等结合现场工程实际，利用数值模拟方法研究了缓倾斜矿体开采地表沉降机理；贡长青将弹性薄板应用于煤矿开采地表沉降预测；宋卫东等通过现场监测研究了崩落法采矿围岩崩落及地表岩移机理；胡静云等采用多种现场监测手段研究了崩落法开采岩层及地表岩移与沉降机理。

综上所述，就不同的矿体及围岩条件下的地表岩移与塌陷机理以及预测研究而言，矿山工作者及科研工作者进行了大量的研究且取得了许多重要的科研成果，但对地表塌陷及岩移控制方法的研究相对较少。在上述研究基础上，采用相关的岩移控制理论提出有效的地表塌陷及岩移控制方法尤为重要。

1.3　主要内容

本书在总结相关研究成果的基础上，以锡林浩特萤石矿为工程研究背景，主要进行以下 6 个方面的研究工作：

（1）针对锡林浩特萤石矿开采中存在的问题，通过现场岩体结构面调查、矿岩点荷载强度实验及散体流动特性实验，获得锡林浩特萤石矿矿岩的稳定性状况及相关的岩体力学与散体流动参数，并进行矿山"三律"特性分析，为解决关键技术问题提供先决条件。

（2）根据临界散体柱支撑理论，结合散体侧压力变化规律的相似实验结果，揭示出移动散体的临界散体柱作用机理，阐明临界散体柱支撑理论在采矿工程应用中的重要作用，为竖井矿柱优化、采矿方法改进及地表塌陷与岩移控制技术研究提供理论支撑。

（3）基于临界散体柱作用机理的研究成果，给出临界散体柱的确定方法，通过现场统计、相似材料实验等手段重点分析影响临界散体柱高度的因素，以便将临界散体柱支撑理论更好地应用于实际。

（4）通过分析塌落角与临界散体柱位置深度的作用关系，揭示临界散体柱对竖井保安矿柱的支撑作用，在现场测定塌落角的基础上，提出利用临界散体柱圈定竖井保安矿柱的新方法；利用数值方法分析矿柱开采破坏对竖井稳固性的影响，结合模糊数学优选模型，提出有效的空区治理与竖井稳固方法，保障竖井的稳定性。

（5）针对矿山"三律"特性分析结果及矿柱优化后释放矿量安全回采需要，结合临界散体柱作用机理，提出适用于矿体条件与矿山"三律"特性的经济适用的采矿方法，以提高矿石回收率，降低贫化率；在此基础上给出空区顶板冒落危害的管控措施，为实现安全高效回采提供技术支撑。

（6）通过定期现场监测塌陷坑周边地表岩移变化特征，采用 RFPA 2D 软件对岩体结构影响下的岩体冒落及地表岩移机理进行数值分析，结合临界散体柱支撑理论，提出有效且可行的地表岩移控制技术与塌陷坑安全充填方法。

1.4 研究技术路线

本书研究工作主要通过大量查阅文献、现场调研、实验室相似物理实验、理论分析、现场监测、数值模拟分析与现场应用相结合的方式来完成，研究技术路线如图 1.1 所示。

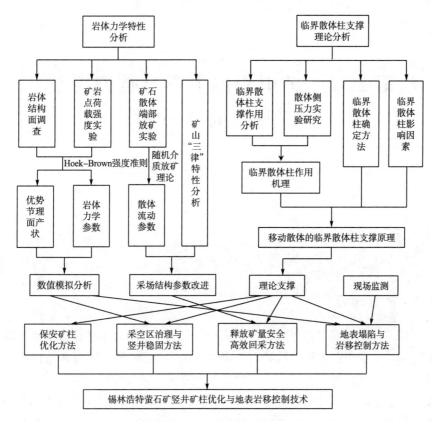

图 1.1 研究技术路线图

第2章 矿山岩体力学参数确定及 "三律" 特性分析

2.1 矿山地质概况

2.1.1 矿区地质

锡林浩特萤石矿主要分为两个矿区——东区与西区。东区作为目前主要的开采区域，位于内蒙古锡林浩特市西南约34km，行政区划属锡林浩特市宝力根苏木管辖，区内地形起伏不大，属低山丘陵区，海拔高度1150~1240m，矿区面积9.33km²，内外交通方便。整个矿区位于锡林浩特复背斜的核部，处在一个次级背斜的核部。由于岩浆岩的侵入，褶曲受到破坏。其现存状态是由下二叠统哲斯组第二岩段的砾岩带及砂岩带构成的单斜构造。其走向西端为65°~75°，东部向北偏转为50°~60°，倾向南东，构造带附近倾角较陡。矿区内的断裂构造发育，是导矿、容矿的良好场所。后期断裂又破坏了萤石矿脉，说明构造活动具多期性。

（1）褶皱构造：从地层的分布结合1∶20万区域资料进行分析，锡林浩特复背斜的核部从测区通过。该复背斜的核心部位位于锡林浩特市南10km。由下古生界组成，片岩产状，走向北东，向西北倾斜，倾角变化较大，片岩内的小褶曲相当发育。矿区内发育有一个由下二叠统哲斯组第二岩段组成的次级背斜，由于岩浆岩的侵入而受到破坏。

（2）断裂构造：该断裂构造横贯东矿区，呈北东向延伸，断续出露长度约2km。断裂在东矿区出现在砾岩及砂岩带的界面附近。向南西延至砂岩带中。为一高角度的逆冲断层。断面南东倾，倾角为75°~80°。断层的南东盘（即上盘）上升，但位移不大。压性特征明显，呈舒缓波状。断层向上有近于直立的擦痕，两侧岩石破碎。部分区段为萤石脉或含萤石的硅质脉充填。矿区内出露

的地层主要为下二叠统哲期组第二岩段的砾岩带、砂岩带、板岩带及第四系,
矿区岩性分布见表 2.1。

表 2.1　矿区岩性分布

岩带	岩性	厚度（m）
砾岩带（P_1Z^{2-1}）	以灰褐色为主的杂色砾岩夹中粗砂岩及粉砂岩透镜体组成	>57.7
砂岩带（P_1Z^{2-2}）	由变质中细粒砂岩、杂砂岩和粉细砂岩组成	70～135
板岩带（P_1Z^{2-3}）	主要为浅变质的千枚岩与炭质板岩,有时在板劈理面上有少量绢云母、绿泥石等	>60
第四系（Q_4）	主要有冲积、洪积、坡积、残积等,分布面积广泛	5～20

断裂在其北西侧形成了近南北向（北北西、北北东）的次级断裂数百条,
这些派生断裂近于平行且被含矿溶液充填,形成具有一定工业价值的萤石矿
脉。总的看来,断裂构造线主要为北东向,少许为近南北向及北西向。

2.1.2　矿岩物理力学性质

矿体初露部分与第四系土层相接,矿岩接触带的围岩主要为蚀变闪长岩,
有 0.6～1.2m 的蚀变现象,其稳固程度相对较低,近矿围岩主要为黑云母斜
长花岗岩,其次为硅化砂岩和硅化角砾岩。采区内的萤石矿体为脉状,其结构
主要有半自形－自形粒状结构、交代结构、碎裂结构及嵌晶结构等;矿石构造
主要以块状、皮壳状、条带状构造为主;萤石品位为 20.05%～96.20%,平
均为 63.21%;矿体走向 10°～15°,倾向 100°～105°,倾角 80°～90°,水平厚度
4～12m,平均厚度 7m,沿走长约 480m,为目前正在开采的主要矿体。在矿
石储量上,五中段（1060～1100m）40.15 万吨,六中段（1020～1060m）
38.27 万吨,七中段（980～1020m）41.39 万吨,八中段至十一中段（820～
980m）推测矿石储量约 183.2 万吨。矿石、岩石体重:矿石 3.18t/m³,岩石
2.85t/m³。矿岩硬度系数:矿石 6～8,岩石 8～10。矿石松散系数 1.5。

2.1.3　工程地质

矿区内基岩出露较差,大部分被第四系残坡积、坡洪积和风积粉砂、细砂
及黏质土覆盖。近矿的黑云母斜长花岗岩多呈浅灰—灰绿色,中粗粒花岗岩构
造,局部为似斑状到不等粒结构,因受应力影响,矿物多具碎裂状,块状构

造，稳定性中等。砂岩呈黄绿、灰绿等色，不同颜色的岩性呈层状、混杂状，岩石呈层状，结构不稳定。角砾岩由以灰褐色为主的杂色砾岩夹中粗砂岩及粉砂岩透镜体组成，砾岩中砾石大小不一，结构较稳定，取样深度180m。位于矿岩接触带的蚀变闪长岩较破碎，小节理裂隙发育，岩体联结能力减弱，岩石无水状态下较坚硬，遇水很快变软，力学性能强度较低，会发生片帮冒落，其稳定性较差。综上所述，本矿区工程地质条件复杂程度为中等类型。

2.2 矿山开采概况

2.2.1 开采情况

锡林浩特萤石矿属于中低温热液型矿床，为典型的急倾斜中厚矿体，矿体呈层状、似层状产出，矿体厚度与产状比较稳定，矿山采用两翼竖井开拓、浅孔留矿法采矿，阶段高度40m，采用阶段脉外运输巷道与出矿穿脉巷道联合布置方式，井下阶段运输采用0.75m³电动铲运机进行矿石与废石铲装作业，采出矿石通过竖井运至地表。

目前，在五中段进行采矿，同时利用盲竖井对六中段与七中段进行采准与开拓。随着开采的进行，在三中段从2号主井到E211线右侧的回采边界约长150m的矿体没有开采，另一侧开采至2号副井附近；四中段在2号主井到盲斜井下方部分矿体没有开采，另一侧在剖面位置也已经开采至距2号副井约16m的位置。在四中段顶板留有厚10~14m顶柱隔离废石覆盖层，顶柱的两端均有约50m被开采破坏，该中段其余矿体已经全部采完，剩余顶柱长度约270m。五中段位于2号副井一侧回采至天井附近，2号主井一侧回采至脉外运输巷与脉内沿脉巷交汇处约10m的位置（图2.1），留有厚约10m顶柱，随着暴露时间的增长，部分顶柱已经塌落，剩余顶柱长度约180m。通过四中段的穿脉巷可以观察到五中段顶柱塌落后贯通的采空区（图2.2）。

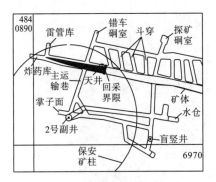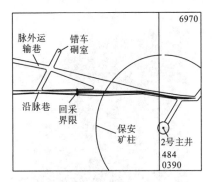

图 2.1　五中段回采界限图

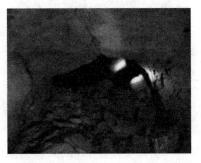

图 2.2　四中段穿脉巷观测空区情况

六中段与七中段利用盲竖井开拓，两中段的施工进度如图 2.3 所示。目前，在六中段与七中段的分段水平进行了开段。其中，六中段的分段水平由盲竖井向矿体一侧掘进 15m，未通达矿体；七中段的分段水平由盲竖井向矿体一侧掘进 30m，已通达矿体。

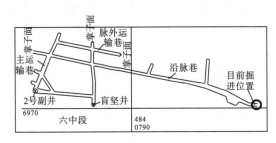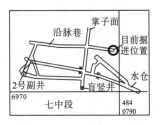

图 2.3　施工进度

采矿过程中，由于采空区长时间暴露，采动压力对近空区巷道边帮岩体作用明显，片帮冒落情况偶有发生。且三中段以上的采空区顶板岩体部分已冒透地表，形成的地表塌陷坑对草原环境及地表工业设施构成了严重威胁（图 2.4）。随着采矿向深部发展，这种威胁程度还将继续增加。

图 2.4　地表塌陷坑形态

2.2.2　开采中存在的主要问题

从绿色安全、高效开采的角度出发，随着开采延深，锡林浩特萤石矿在生产中存在的主要问题有如下 4 点：

（1）矿山设计按照 65°的岩移角圈定竖井保安矿柱，随着采矿不断向深部发展，工作人员发现圈定范围在空间上不断增大，导致可采矿量急剧减少；同时，保安矿柱内部分矿体已被开采破坏，这对竖井的稳固性构成威胁。为此，需针对实际的矿岩条件，对原井筒保安矿柱进行优化，确定出合理的保安矿柱范围，释放矿柱矿量，并在此基础上提出有效的竖井稳固方法。

（2）开采中在四中段与五中段的顶板留有厚 10~14m 的顶柱，顶柱下方为采空区，顶柱上方积压大量的冒落废石散体，一旦顶柱突然垮落，在井下可能形成冲击气浪危害，威胁井下工作人员生产安全，应及时处理采空区，消除空区冒落危害。

（3）由于矿体、上盘围岩、下盘围岩稳定性条件中等，且在矿岩接触带存在一定厚度的蚀变区域，故采用浅孔留矿法。在开采中，普遍存在着片帮冒落情况。一方面，对采场作业人员的人身安全造成了威胁；另一方面，导致矿石回采率低，贫化率高。因此，需根据矿岩的稳固性条件，提出安全高效的矿柱矿量与深部矿量回采方法，增强采矿安全作业条件，提高矿石回收率，降低矿石贫化率。

（4）竖井位于采矿岩移范围内，利用浅孔留矿法开采形成了大规模连续的采空区，部分采空区已经冒透地表，形成规模不等的塌陷坑，破坏了地表草原环境，并引起岩移向竖井方向发展。为了确保竖井及周边工业设施免受岩移危害，亟须采取措施控制地表塌陷与岩移的扩展。

针对矿山存在的问题的典型性，需重点分析矿山的岩体力学特性，为研究关键技术问题的解决方法提供支撑。上述问题的解决可以归因于如何对边壁及采场岩体的片帮冒落与岩移发展实现有效控制，因此寻求一种同时适用于解决上述问题的理论方法，对于实现该类条件的矿山安全高效开采至关重要。而临界散体柱支撑理论正是在基于急倾斜中厚矿体开采涉及的岩移问题基础上提出的，其重点研究移动散体的临界散体柱作用机理及其影响因素对于该类关键技术问题的解决具有重要的现实意义。

2.3　矿岩稳定性分析

2.3.1　岩体结构面调查分析

在地下矿山开采中，结构面的存在对岩体稳定性有重要的影响。其中，包括结构面的力学性状与分布特征等，在一定条件下影响着岩体的冒落进程，并控制着地表岩移及沉降的发展趋势。通过现场调查得到岩体结构面的性质及特征，这对于分析和预测地下开采引起的岩层和地表运动模式及沉降特征至关重要。此外，还可以反映岩体的结构特征，有助于对岩体的稳定性进行准确分级。

（1）结构面调查方法。

现场结构面调查组由东北大学采矿科研组与锡林浩特萤石矿矿山生产技术部人员共同组成，选择有代表性的测量地点对二采区各个中段的矿体、上盘围岩、下盘围岩进行了结构面调查与取样分析，取样地点主要分布在三中段、四中段与五中段的巷道中。在结构面揭露的巷道断面周围，将产状基本一致的结构面作为一组，利用地质罗盘及卷尺分组量测结构面的产状，包括倾角、倾向和结构面的间距等。

本次总共测量结构面 46 组（包含 116 条结构面）。其中，上盘围岩 13 组（包含 31 条结构面），下盘围岩 20 组（包含 55 条结构面），矿体 13 组（包含 30 条结构面）。

（2）数据整理。

结构面平均间距 D_P 的计算式表达如下：

$$D_P = \frac{L\sin\theta}{n-1} \tag{2.1}$$

式中，θ 为结构面倾角；n 为结构面的条数；L 为结构面的测量长度。

应用地质方位数据图解与统计分析软件（Dips）对现场结构面调查结果进行统计分析，确定出锡林浩特萤石矿上盘围岩、下盘围岩、矿体的优势节理面分布情况，如图 2.5 所示。进一步得出优势节理面产状，见表 2.2。

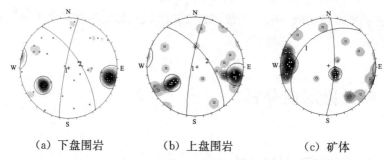

| （a）下盘围岩 | （b）上盘围岩 | （c）矿体 |

图 2.5　矿岩体优势节理面分布

表 2.2　优势节理面产状

岩石类别	编号	倾向（°）	倾角（°）
上盘围岩	1	55	69
	2	281	80
矿体	1	310	25
	2	82	78
下盘围岩	1	283	81
	2	56	68

2.3.2　矿岩点荷载强度实验

基于矿岩稳定性分级与岩体力学参数确定的需要，对锡林浩特萤石矿井下出露的矿岩进行取样与点荷载强度实验。

计算点荷载强度指标时，由下式计算点荷载强度指数 I_D：

$$I_D = \frac{P}{D^2} \tag{2.2}$$

式中，P 为破坏荷载，N；D 为加载试件截面直径，mm；将 I_D 折算成标准点荷载强度指数 $I_{s(50)i}$；由 $I_{s(50)i}$ 的平均值求得点荷载强度指标 $I_{s(50)}$。

$I_{s(50)}$ 相当于 $D=50$mm 时的 I_D 值，它的引入消除了 D 对实验结果的影响，使点荷载强度指标 $I_{s(50)}$ 能更充分的代表岩石的强度特征。目前，由 I_D 确定 $I_{s(50)}$ 的方法有多种，本实验采用国际岩石力学学会（ISRM）建议的方法，即 ISRM 法确定岩石点荷载强度指标。具体过程如下：

（1）由 D 求等效直径。

对不规则块体岩样，有：

$$D_E^2 = \frac{4A}{\pi} \tag{2.3}$$

$$A = W \cdot D \tag{2.4}$$

式中，D_E 为等价直径；A 为通过两加荷器接触点的最小截面积；W 为截面的平均宽度。

（2）计算各岩样未修正的点荷载强度指数 I_D。

$$I_D = \frac{P}{D_E^2} \tag{2.5}$$

式中，P 为破坏荷载。

（3）尺寸修正。

I_D 与岩样的形状有关，为了获得一致性的点荷载强度指数，必须进行尺寸修正。以岩芯直径 $D=50\text{mm}$ 为标准，修正后的点荷载强度指标 $I_{s(50)}$ 为：

$$I_{s(50)} = F \cdot I_D \tag{2.6}$$

式中，F 为尺寸修正系数，由下式确定：

$$F = (\frac{D_E}{50})^{0.45} \tag{2.7}$$

在一组实验中，先计算出各个岩样的 $I_{s(50)i}$ 的值，再用切尾平均法计算平均值。当一组岩石岩样 $n>10$ 时，去掉两个最高值和两个最低值，余下的各岩样的 $I_{s(50)i}$ 的算术平均值就是该岩石的点荷载强度指标 $I_{s(50)}$。上述 ISRM 法的计算过程已被编成计算机程序，用于点荷载实验数据整理和计算。点荷载强度计算结果见表 2.3。

表 2.3　点荷载强度计算结果

岩石类别	组号	取样地点	$I_{s(50)i}$（MPa）	$I_{s(50)}$（MPa）
上盘围岩	1	三中段 13 号穿脉巷	4.3156	4.3929
	2	三中段 25 号穿脉巷	4.8453	
	3	四中段 6 号穿脉巷	4.4936	
	4	四中段 18 号穿脉巷	4.3978	
	5	五中段 7 号穿脉巷	4.2825	
	6	五中段 21 号穿脉巷	4.0224	
矿体	1	三中段 8 号穿脉巷	3.6457	3.3114
	2	三中段 17 号穿脉巷	3.3235	
	3	四中段 6 号穿脉巷	3.4784	
	4	四中段 16 号穿脉巷	2.8019	
	5	五中段 7 号穿脉巷	3.4132	
	6	五中段 21 号穿脉巷	3.2057	
下盘围岩	1	三中段 8 号穿脉巷	4.2143	4.1724
	2	三中段 17 号穿脉巷	4.3421	
	3	四中段 7 号穿脉巷	3.8169	
	4	四中段 16 号穿脉巷	4.3212	
	5	五中段 8 号穿脉巷	3.9885	
	6	五中段 21 号穿脉巷	4.3515	

2.3.3　岩体基本质量指标计算与稳定性分级

（1）岩石抗拉强度与抗压强度计算。

岩石点荷载强度指标 $I_{s(50)}$ 与岩石抗拉强度 R_t 和抗压强度 R_c 之间有良好的相关性，ISRM 给出下列关系：

$$R_t = 1.25 \times I_{s(50)} \tag{2.8}$$

按"工程岩体分级标准"有：

$$R_c = 15.8 + 12.27 \times I_{s(50)} \tag{2.9}$$

（2）岩体完整性系数 K_v。

由岩体结构面参数可计算岩体完整性系数 K_v，计算式如下：

$$
\begin{cases}
K_v = 1 - 0.083 J_v & (J_v \leqslant 3) \\
K_v = 0.75 - 0.029(J_v - 3) & (3 < J_v \leqslant 10) \\
K_v = 0.55 - 0.02(J_v - 10) & (10 < J_v \leqslant 20) \\
K_v = 0.35 - 0.013(J_v - 20) & (20 < J_v \leqslant 35) \\
K_v = 0.15 - 0.0075(J_v - 35) & (J_v > 35)
\end{cases}
\tag{2.10}
$$

式中，J_v 为岩体体积节理数（条/m³），指单位体积内所含节理（结构面）条数，可以用下式计算：

$$
J_v = \frac{N_1}{L_1} + \frac{N_2}{L_2} + \cdots + \frac{N_n}{L_n}
\tag{2.11}
$$

式中，L_1，L_2，$\cdots$，L_n 为垂直于结构面的测量长度；N_1，N_2，$\cdots$，N_n 为同组结构面的数量。

（3）岩体基本质量指标 B_Q。

$$
B_Q = 90 + 3R_c + 250K_v
\tag{2.12}
$$

使用式（2.12）时，应遵守以下限制条件：

①当 $R_c > 90K_v + 30$ 时，应以 $R_c = 90K_v + 30$ 和 K_v 代入式（2.12）计算 B_Q 值。

②当 $K_v > 0.04R_c + 0.4$ 时，应以 $K_v = 0.04R_c + 0.4$ 和 R_c 代入式（2.12）计算 B_Q 值。

由点荷载实验数据计算得出 K_v、R_c 与 B_Q 等（表 2.4）。

表 2.4　矿岩体强度参数及基本质量指标表

岩石类别	K_v	$I_{s(50)}$ (MPa)	R_t (MPa)	R_c (MPa)	B_Q
上盘围岩	0.58	4.3929	5.49	69.66	443.99
矿体	0.36	3.3114	4.14	56.41	349.24
下盘围岩	0.62	4.1724	5.21	66.96	445.89

2.3.4　锡林浩特萤石矿稳定性分级结果

根据岩体结构特征和基本质量指标，参考岩体基本质量分级标准（表 2.5），可将锡林浩特萤石矿的矿体与近矿围岩的稳定性划分为两类（表 2.6）。

表 2.5　岩体基本质量分级标准

基本质量级别	岩体基本质量的定性特征	岩体基本质量指标
Ⅰ	岩石极坚硬，岩体完整	＞550
Ⅱ	岩石极坚硬～坚硬，岩体较完整； 岩石较坚硬，岩体完整	550～450
Ⅲ	岩石极坚硬～坚硬，岩体较破碎； 岩石较坚硬或软硬互层，岩体较完整； 岩石为较软岩，岩体完整	450～350
Ⅳ	岩石极坚硬～坚硬，岩体破碎； 岩石较坚硬，岩体较破碎～破碎； 岩石较软或软硬互层软岩为主，岩体较完整～较破碎； 岩石为软岩，岩体完整～较完整	350～250
Ⅴ	较软岩，岩体破碎； 软岩，岩体较破碎或破碎； 全部极软岩及全部极破碎岩	＜250

表 2.6　岩体稳定性分级结果

岩石类别	B_Q	定性级别	稳定性级别
上盘围岩	443.99	Ⅲ	中等稳定
矿体	349.24	Ⅳ	不稳定
下盘围岩	445.89	Ⅲ	中等稳定

　　通过现场结构面调查和矿岩点荷载强度实验，锡林浩特萤石矿矿体与近矿围岩的稳定性可分为Ⅲ、Ⅳ两级，即稳定性级别属于中等稳定与不稳定。其中，矿体的稳定性一般，属于不稳定；上、下盘围岩的稳定性中等，属于中等稳定。

2.4　岩体力学参数确定

　　在矿山开采实践中，岩体往往会沿着弱结构面发生变形或破坏。受结构面与地压等因素的影响，岩体力学参数不同于岩石力学参数。在矿山岩体力学研究中，为了准确获得岩体的相关力学参数，往往采用工程类比与经验公式推导的方法来进行估算。目前，应用最为广泛的方法就是 Hoek-Brown 强度准则。

2.4.1　Hoek－Brown 强度准则

Hoek－Brown 强度准则是由 E. Hoek 和 E. T. Brown 通过对大量岩石三轴试验与现场岩体试验成果进行归纳分析，经实践证明得到的表达岩石损伤时极限主应力间的经验公式。1988 年，为了将 Hoek－Brown 强度准则和现场地质情况相结合，同时克服应用岩体质量分级指标（RMR）进行求解的局限性，E. Hoek 等提出了基于地质强度指标（GSI）求解岩体力学参数的方法，并将爆破扰动这一概念加入其中，考虑了节理岩体的结构特征，能够较好地解释岩体的受拉破坏或者是受剪切破坏，最终得到更适用于节理化岩体的岩体力学参数计算表达式：

$$\sigma_1 = \sigma_3 + \sigma_c \left(m_b \cdot \frac{\sigma_3}{\sigma_c} + s \right)^a \tag{2.13}$$

式中，σ_1 为岩体破坏时的最大主应力，MPa；σ_3 为岩体破坏时的最小主应力，MPa；σ_c 为完整岩石（岩块）的单轴抗压强度，MPa；m_b、s、a 分别为与岩体特征相关的经验参数，求解表达式如下：

$$m_b = m_i \cdot \exp\left(\frac{GSI - 100}{28 - 14D}\right) \tag{2.14}$$

$$s = \exp\left(\frac{GSI - 100}{9 - 3D}\right) \tag{2.15}$$

$$a = \frac{1}{2} + \frac{1}{6}\left[\exp(-GSI/15) - \exp\left(-\frac{20}{3}\right)\right] \tag{2.16}$$

式中，m_i 为 Hoek－Brown 常数，近似于岩块的 m_b，可参照表 2.7（不同类型岩石的 Hoek－Brown 常数 m_i）给出的参考值进行选择；D 为岩体扰动参数，取值范围为 0～1，无扰动岩体为 0，非常扰动岩体为 1，可参照表 2.8（岩体扰动参数参考值）给出的参考值进行选择。

表 2.7　不同类型岩石的 Hoek－Brown 常数 m_i

岩石类型	m_i			
	粗糙的	中等的	精细的	非常精细的
沉积岩	砾岩 21±3	砂岩 19±2	粉砂岩 7±2	黏土岩 4±2
	角砾岩 19±5	亮晶石灰岩 10±2	杂砂岩 18±3	页岩 7±2
	粗晶石灰岩 12±3	石膏 8±2	微晶石灰岩 9±2	白云岩 9±3

岩石类型	m_i			
	粗糙的	中等的	精细的	非常精细的
变质岩	大理岩 9±3	角页岩 19±3	石英岩 20±3	板岩 8±3
	混合岩 29±3	角闪岩 26±6	糜棱岩 6±2	
	片麻岩 28±5	片岩 4~8	千枚岩 7±3	
火成岩	花岗岩 33±1	流纹岩 25±5	石英安山岩 22±5	黑曜岩 19±3
	花岗闪长岩 30±2	安山岩 24±3	玄武岩 25±5	橄榄岩 25±2
	辉长岩 27±3	辉绿岩 19±2	凝灰岩 15±2	
	集块岩 20±2	角砾岩 18±5		

表 2.8　岩体扰动参数参考值

岩体扰动情况描述	D
控制爆破效果极好，对岩体扰动最小	0
一般质量岩体中，非爆破情况下（机械挖掘）对岩体扰动最小	0.3
受采动影响，围岩发生轻度挤压变形，扰动影响中等	0.5
小规模爆破引起围岩发生扰动破坏	0.7
硬岩中爆破导致围岩破坏传播 2~3m 距离	0.8
应力释放引起岩体扰动破坏，爆破效果较差	1.0

根据 M. Hashemi 等的研究成果，GSI 的估算方法主要有两种：一种是对现场出露的岩体进行观察测量，通过与 GSI 图表比较获得；另一种是通过 RMR 进行估算，计算公式如下：

$$\begin{cases} GSI = RMR_{76} & (RMR_{76} > 18) \\ GSI = RMR_{89} - 5 & (RMR_{89} > 23) \end{cases} \tag{2.17}$$

式中，RMR_{76} 与 RMR_{89} 分别为 Z. T. Bieniawski 在 1976 年和 1989 年提出的岩体质量分级指标的基本值。在计算分析中，如果 $RMR_{76} < 18$ 或 $RMR_{89} < 23$，则可通过 B_Q 分级值来获得 GSI。

宋彦辉等通过对大量实测数据进行统计分析，给出了 B_Q 分级与 RMR 之间的计算关系：

$$RMR_{89} = 1.4185 \times B_Q^{0.6241} \tag{2.18}$$

根据式（2.17）与式（2.18）得到 GSI 与 B_Q 之间的关系：

$$GSI = 1.4185 \times B_Q^{0.6241} - 5 \tag{2.19}$$

根据改进的 Hoek－Brown 强度准则，得到岩体的抗压强度 σ_{mc}：

$$\sigma_{mc} = \frac{\sigma_c \cdot [m_b + 4s - a \cdot (m_b - 8s)] \cdot (s + m_b/4)^{a-1}}{2(a^2 + 3a + 2)} \tag{2.20}$$

岩体的抗拉强度（σ_{mt}）计算如下（岩石力学中默认压为正，拉为负）：

$$\sigma_{mt} = -\frac{\sigma_c s}{m_b} \tag{2.21}$$

岩体的弹性模量 E_m（GPa）可由下式计算：

$$\begin{cases} E_m = \sqrt{\dfrac{\sigma_c}{100}} \times 10^{\frac{GSI-10}{40}} & (\sigma_c \leqslant 100\text{MPa}) \\ E_m = 10^{\frac{GSI-10}{40}} & (\sigma_c > 100\text{MPa}) \end{cases} \tag{2.22}$$

岩体的内摩擦角（φ）及内聚力（c）可分别根据下式计算得到：

$$\varphi = \sin^{-1}\left[\frac{6am_b(s + m_b\sigma_{3n})^{a-1}}{2(a^2 + 3a + 2) + 6am_b(s + m_b\sigma_{3n})^{a-1}}\right] \tag{2.23}$$

$$c = \frac{\sigma_c[s(2a+1) + m_b\sigma_{3n}(1-a)](s + m_b\sigma_{3n})^{a-1}}{(a^2 + 3a + 2) \cdot \sqrt{1 + \dfrac{6am_b(s + m_b\sigma_{3n})^{a-1}}{a^2 + 3a + 2}}} \tag{2.24}$$

$$\sigma_{3n} = \frac{\sigma_{3\max}}{\sigma_c} \tag{2.25}$$

式中，σ_{3n} 为 Mohr－Coulomb 准则与 Hoek－Brown 准则关系限制应力值；$\sigma_{3\max}$ 为 Mohr－Coulomb 屈服准则与 Hoek－Brown 强度准则关系限制应力的上限值，对于深部工程岩体，其计算式如下：

$$\sigma_{3\max} = 0.47\sigma_{mc} \cdot \left(\frac{\sigma_{mc}}{\gamma H}\right)^{-0.94} \tag{2.26}$$

式中，γ 为岩体的单位重量，N/m^3；H 为巷道埋深，m。

2.4.2　锡林浩特萤石矿岩体力学参数确定

当采用 Hoek－Brown 强度准则与 Mohr－Coulomb 屈服准则对节理化岩体的力学参数进行估算时，需要确定以下 4 个基本参数：

（1）构成岩体的完整岩块的单轴抗压强度 σ_c，可通过点荷载实验求得。

（2）完整岩块的 Hoek－Brown 常数 m_i，可由表 2.7 查得。

（3）岩体扰动参数 D，可根据表 2.8 选取。

（4）岩体的地质强度指标 GSI，可根据 B_Q 利用式（2.19）计算得到。

用于确定锡林浩特萤石矿岩体力学参数的相关地质参数指标见表 2.9。

表 2.9　岩体地质参数指标

岩体类型	B_Q	m_i	D	σ_c (MPa)	GSI
上盘围岩	443.99	33	0.3	69.66	63.68
矿体	349.24	25	0.3	56.41	54.82
下盘围岩	445.89	31	0.3	66.96	63.85

最终，计算求得锡林浩特萤石矿岩体力学参数见表 2.10，该参数值将用于后续分析竖井稳固性及地表岩移与塌陷机理。

表 2.10　锡林浩特萤石矿岩体力学参数

参数	岩体类型		
	上盘围岩	矿体	下盘围岩
σ_{mc} (MPa)	25.49	14.67	23.88
σ_{mt} (MPa)	0.149	0.084	0.155
E_m (GPa)	18.35	9.91	18.17
c (MPa)	1.76	1.35	1.77
φ (°)	46.13	38.56	45.89
μ	0.27	0.28	0.27

2.5　散体流动参数确定

针对锡林浩特萤石矿应用浅孔留矿法存在的诸多问题，对其采矿方法进行改进是必然的结果。根据矿体条件与矿岩稳固性条件，崩落法以其安全高效，且采矿成本相对较低的优势成为优先考虑的采矿方法。应用中矿石的损失与贫化一直是矿山企业重点关注的问题，如果采场的结构参数与矿石散体的流动特性不匹配，崩落体与放出体的形态将无法达到最佳吻合状态，这会造成较大的下盘残留，影响矿石的回采指标。因此，需要测定矿石散体的流动参数，分析散体的流动特性，以此作为依据来确定采场结构参数的最优值，以便更好地实现"四低一高"（低损失、低贫化、低成本、低事故隐患与高生产能力）的开采目标。

2.5.1 实验方法

实验用矿样选取五中段井下采出的矿石,利用破碎机将其破碎成粒度不大于 1cm 的矿石散体,实验散体粒度级配根据现场出矿巷道出露的矿石散体粒度分布,按照质量分数进行配比,保证与现场矿石散体粒度级配分布基本吻合。实验散体粒度级配分布见表 2.11,按照 1∶100 的相似比进行散体流动参数测定实验。

表 2.11 实验散体粒度级配分布

粒径分布范围(cm)	<0.1	0.1≤范围<0.3	0.3≤范围<0.7	0.7≤范围<1.0	≥1.0
散体粒度级配(%)	13.6	25.5	37.3	18.7	4.9

端部放矿实验模型如图 2.6 所示,模型尺寸为 40cm×40cm×100cm(长×宽×高),模型内侧采用刻度标记(间隔 5cm)的方式确定标志颗粒的放置高度,模型三面封闭,另一面敞开并采用插板进行封装,在模型敞口对应的封闭面底端开凿一放出口,用于测定端部放矿的散体流动参数,结合锡林浩特萤石矿实际巷道尺寸,按照 1∶100 相似比选取放矿口尺寸为 2.8cm×2.8cm。通过测定散体堆中不同分层的达孔量场,根据各分层达孔量的等值面绘出最终的放出体形态,这称为散体流动参数测定达孔量法,该方法实验结果较为准确,在放矿领域中应用广泛。因此,本实验采用达孔量法进行散体流动参数的测定。

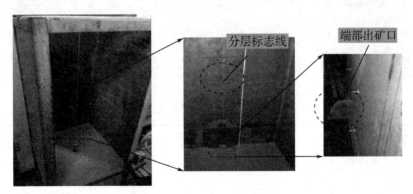

图 2.6 端部放矿实验模型

达孔量法通过在散体堆里预先安放标志物,随着放矿的进行,测量放出标志物的达孔量值,即标志物放出时对应的散体放出量,从而确定出散体堆内每个剖面水平的达孔量场,进一步确定出放出体形态。

应用达孔量法测定散体流动参数时,通常采用定位尺来辅助标志物的摆放，图 2.7 为定位尺结构图。在扇形的有机板上等比例设定 5 排安放孔，每排 8 个孔，孔距 1cm。按照 5cm 的分层进行散体装填，达到预定高度后，借助定位尺按照分层及次序放置标志物，共放置 8 层，高 40cm，随后在模型顶部装填厚 20cm 的散体覆盖层。

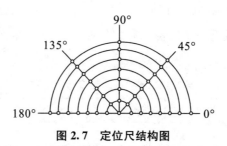

图 2.7 定位尺结构图

随着散体不断从放出口流出，标志物也会不断从放出口出露，这时应记录好每次发现标志物时的散体放出量、标志物编号、数量等重要参数。实验结束后，累计算出每一层与每一排标志颗粒的达孔量，在达孔与径向距离坐标系中，按纵剖面绘制每一排标志颗粒的达孔量曲线，再由达孔量曲线确定每一层达孔量相等的点，将这些点用光滑曲线连接起来，得到放出体的纵剖面形态，随后绘制出每个方位的放出体纵剖面图，再由这些纵剖面图绘制横剖面，即可得到完整的放出体形态。

2.5.2 实验结果

通过实验测得的不同角度剖面的达孔量实验数据见表 2.12～表 2.16。表中，H 代表标志物摆放的分层高度，$Q_{(R=i)}$ 代表距放矿口中心轴线的距离为 i 时的达孔量。

表 2.12 0°剖面的达孔量实验数据

分层高度 H（cm）	达孔量（g）								
	$Q_{(R=0)}$	$Q_{(R=1)}$	$Q_{(R=2)}$	$Q_{(R=3)}$	$Q_{(R=4)}$	$Q_{(R=5)}$	$Q_{(R=6)}$	$Q_{(R=7)}$	$Q_{(R=8)}$
5	29.88	51.53	537.04						
10	86.90	97.33	568.40	1596.61					
15	229.12	214.76	458.83	917.62	4058.30				
20	327.37	364.33	537.04	880.02	2494.70	5135.10			
25	444.27	468.63	596.29	1220.00	2942.60	4165.80	7868.80		
30	783.32	809.38	982.44	1509.70	2467.00	4214.10	6602.50		

续表

分层高度 H（cm）	达孔量（g）								
	$Q_{(R=0)}$	$Q_{(R=1)}$	$Q_{(R=2)}$	$Q_{(R=3)}$	$Q_{(R=4)}$	$Q_{(R=5)}$	$Q_{(R=6)}$	$Q_{(R=7)}$	$Q_{(R=8)}$
35	1010.94	1019.50	1273.56	1884.40	2525.00	4627.00	5963.50		
40	1334.65	1313.64	1607.51	1915.70	2625.20	3864.90	5415.20		

表 2.13　45°剖面的达孔量实验数据

分层高度 H（cm）	达孔量（g）								
	$Q_{(R=0)}$	$Q_{(R=1)}$	$Q_{(R=2)}$	$Q_{(R=3)}$	$Q_{(R=4)}$	$Q_{(R=5)}$	$Q_{(R=6)}$	$Q_{(R=7)}$	$Q_{(R=8)}$
5	29.88	77.75	2109.80						
10	86.90	97.33	174.46	657.03	4854.71				
15	229.12	214.76	544.22	624.76	927.25	2977.49			
20	327.37	312.34	429.57	668.78	1426.19	2475.53	5377.90		
25	444.27	468.63	481.60	746.39	1795.06	2590.24	5040.50		
30	784.32	786.92	917.62	1514.00	1467.22	2439.80	3828.40	6687.40	
35	1010.94	991.09	1126.00	1488.06	1919.47	2625.28	3721.10	6176.80	
40	1334.60	1344.90	1647.50	2019.87	2475.53	3160.50	3892.90	5447.20	

表 2.14　90°剖面的达孔量实验数据

分层高度 H（cm）	达孔量（g）								
	$Q_{(R=0)}$	$Q_{(R=1)}$	$Q_{(R=2)}$	$Q_{(R=3)}$	$Q_{(R=4)}$	$Q_{(R=5)}$	$Q_{(R=6)}$	$Q_{(R=7)}$	$Q_{(R=8)}$
5	29.88	51.53	5736.03						
10	86.90	127.11	157.66	526.24	1071.55				
15	229.12	190.87	214.76	272.60	596.29	1817.50			
20	327.37	312.34	404.05	815.49	917.62	1705.50	4974.70		
25	444.27	468.63	591.35	982.44	1143.30	1840.10	2886.60	5963.50	
30	784.32	739.68	1052.88	1263.70	1578.50	2359.50	3266.60	6305.90	
35	1010.94	1043.57	1301.11	1647.50	2103.50	3115.20	4153.70	6966.40	
40	1334.65	1352.61	1720.89	2098.50	2706.40	3266.60	5471.80		

表 2.15　135°剖面的达孔量实验数据

分层高度 H（cm）	达孔量（g）								
	$Q_{(R=0)}$	$Q_{(R=1)}$	$Q_{(R=2)}$	$Q_{(R=3)}$	$Q_{(R=4)}$	$Q_{(R=5)}$	$Q_{(R=6)}$	$Q_{(R=7)}$	$Q_{(R=8)}$
5	29.88	61.72							
10	86.90	109.04	148.44	303.56	2789.40				
15	229.12	229.12	284.86	412.01	1698.20				
20	327.37	355.64	528.19	732.79	1408.40	2583.20	5387.50		
25	444.27	739.68	904.57	1263.74	1861.40	3078.90	5673.60		
30	784.32	825.41	1212.19	2004.94	2359.50	4595.90	6846.40		
35	1010.94	1297.29	1817.55	2396.59	4114.90	5347.60			
40	1334.65	1647.55	1943.84	3004.49	3973.40	5471.80			

表 2.16　180°剖面的达孔量实验数据

分层高度 H（cm）	达孔量（g）								
	$Q_{(R=0)}$	$Q_{(R=1)}$	$Q_{(R=2)}$	$Q_{(R=3)}$	$Q_{(R=4)}$	$Q_{(R=5)}$	$Q_{(R=6)}$	$Q_{(R=7)}$	$Q_{(R=8)}$
5	29.88	532.26							
10	86.90	97.33	204.20	2103.59					
15	229.12	229.12	364.33	1280.16	5612.29				
20	327.37	392.31	568.10	1371.85	3160.50				
25	444.27	692.70	1419.56	1933.18	4564.60	7868.80			
30	784.32	1163.20	2011.89	3078.92	4774.49				
35	1010.94	1313.64	2282.49	4443.30	6478.84				
40	1334.65	1607.51	2039.71	3412.66	5226.30				

根据实验所得达孔量数据，绘制出端部放矿条件下的达孔量曲线，以及沿进路方向与垂直进路方向的放出体形态，如图 2.8 所示。

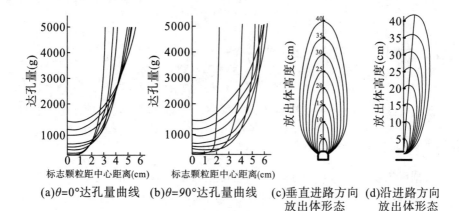

(a)$\theta=0°$达孔量曲线　(b)$\theta=90°$达孔量曲线　(c)垂直进路方向　(d)沿进路方向
　　　　　　　　　　　　　　　　　　　　　　　　　放出体形态　　　放出体形态

图 2.8　端部放矿条件下达孔量曲线与放出体形态图

　　根据随机介质放矿理论，端部放矿条件下，受出矿口有效流动尺寸与端壁面双重影响，进路不同方向所测得的散体流动参数值不同，此时放出体的曲面方程表达式如下：

$$\frac{y^2}{\beta_1 z^{\alpha_1}} + \frac{(x - kz^{\frac{\alpha}{2}})^2}{\beta z^\alpha} = (\omega + 1)\ln(\frac{z_H}{2}) \qquad (2.27)$$

式中，x、y、z 为放出体中某一位置的散体颗粒空间坐标值；ω 为沿进路与垂直进路方向散体流动参数平均值，$\omega = (\alpha + \alpha_1)/2$；$z_H$ 为放出体高度；α、β 为沿进路方向的散体流动参数；α_1、β_1 为垂直进路方向的散体流动参数；k 为端壁面影响系数，其大小取决于端壁面对散体的阻尼程度，一般取 0.10～0.15。利用式（2.27）对图 2.8（c）、（d）中的放出体进行回归拟合，可得到端部放矿条件下的散体流动参数值，见表 2.17。

表 2.17　端部放矿条件下的散体流动参数值

散体流动参数	进路方向		回归相关系数 R
	沿进路方向	垂直进路方向	
α	1.562	—	0.989
β	0.283	—	
α_1	—	1.712	0.987
β_1	—	0.125	

2.6 矿山"三律"特性分析

矿山"三律"特性主要指岩体冒落特性、散体流动特性与地压活动特性。

2.6.1 岩体冒落特性分析

根据矿岩稳定性分析结果，锡林浩特萤石矿岩体中等稳定，矿体不稳定，当矿体被开挖以后，岩体的应力在采空区周围重新分布，导致顶板岩体发生变形和下沉，派生出拉应力。当拉应力超过岩体的抗拉强度时，顶板岩体就会失稳并落入采空区。冒落进程与开采跨度、矿体埋深、侧压力系数等因素有关，且冒落线的形状能够较好地接近于拱形，冒落线力学分析模型如图2.9所示。

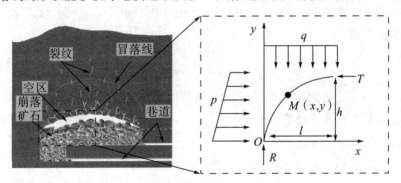

图 2.9 冒落线力学分析模型

以左半拱作为分析对象，根据力系平衡原理，得到应力关系表达式如下：

$$Th = \int_0^l xq\mathrm{d}x + \int_0^h yp\mathrm{d}y \tag{2.28}$$

式中，l 为采空区半跨度，m；q 为垂直均布载荷，$q = \gamma(H-h)$；γ 为上覆岩体容重，t/m³；H 为空区底板埋深，m；h 为分层回采高度，m；T 为岩体极限抗压强度，t/m²；p 为横向载荷，可以表示为：

$$p = \lambda\gamma(H-y) \tag{2.29}$$

式中，λ 为侧压力系数，有：

$$Th = \int_0^l x\gamma(H-h)\mathrm{d}x + \int_0^h y\lambda\gamma(H-y)\mathrm{d}y \tag{2.30}$$

整理得：

$$Th = \frac{\gamma(H-h)l^2}{2} + \frac{\lambda\gamma Hh^2}{2} - \frac{\lambda\gamma h^3}{3} \tag{2.31}$$

最终，平衡方程表达式为：

$$l^2 = \frac{2Th - \lambda\gamma Hh^2 + \frac{2}{3}\lambda\gamma h^3}{\gamma(H-h)} \tag{2.32}$$

进一步整理得到极限冒落跨度表达式：

$$L = 2l = 2\sqrt{\frac{6Th - 3\lambda\gamma Hh^2 + 2\lambda\gamma h^3}{3\gamma(H-h)}} \tag{2.33}$$

分析得出：开采方向极限冒落跨度与空区高度和顶板埋深密切相关，随着采矿的推进，当开采跨度超过极限冒落跨度时，顶板岩体即发生冒落。目前，矿区的地表标高约为 $+1260\mathrm{m}$，定义 H_0 为空区底板所在水平标高，则有 $H = 1260 - H_0$，由此得到不同开采水平的极限冒落跨度计算式：

$$L = 2l = 2\sqrt{\frac{6Th - 3\lambda\gamma(1260 - H_0)h^2 + 2\lambda\gamma h^3}{3\gamma(1260 - H_0 - h)}} \tag{2.34}$$

目前，锡林浩特萤石矿采用浅孔留矿法开采至五中段，预留 10m 厚顶柱，分层回采高度 $h=4\mathrm{m}$，该中段采矿底板标高位于 $1060\sim1090\mathrm{m}$ 水平，矿体抗压强度为 $14.67\mathrm{t/m^2}$，矿体容重为 $3.18\mathrm{t/m^3}$，侧压力系数 $\lambda = 0.16$，代入式（2.34）得到该中段开采时的极限冒落跨度值为 $5.4\sim6.4\mathrm{m}$，表明锡林浩特萤石矿具有良好的可冒性，可满足中深孔落矿条件需求。矿山萤石矿脉厚度 $4\sim12\mathrm{m}$，平均厚度 7m，大于极限冒落跨度，作业人员直接在顶板暴露下进行钻孔装药作业存在冒落事故风险，因此现用的浅孔留矿法不适应岩体的冒落特性。

2.6.2　散体流动特性分析

散体的流动特性可通过散体流动参数来表征，参数的物理意义又可通过其对放出体形态的影响来阐明。其中，参数 β 影响放出体总体宽度，参数 α 影响放出体上部与底部的相对形态。当 $\alpha < \dfrac{1}{\ln 2}$ 时，放出体下粗上细，表明散体流动性较差；当 $\alpha > \dfrac{1}{\ln 2}$ 时，放出体上粗下细，表明散体流动性较好；当 $\alpha = \dfrac{1}{\ln 2}$ 时，放出体在中部最粗。在散体流动参数实验中，采用 40m 的阶段高度进行实验模型设置，来模拟中深孔放矿条件，一次放矿高度为 40m。根据实验结果，锡林浩特萤石矿的散体流动参数沿进路方向 $\alpha = 1.562 > \dfrac{1}{\ln 2}$，垂直进路方向 $\alpha_1 = 1.7121 > \dfrac{1}{\ln 2}$，说明矿石散体沿进路方向与垂直进路方向均具有较好的流动性，有利于矿石的放出。研究表明，中深孔落矿能够较好地适应矿石散体的流动特性，后续研究中可以采用巷道作业的中深孔落矿开采方案，可避免人员直接在顶板暴露面下作业，有效提高开采效率，并改善采场的安全作业条件。

2.6.3 地压活动特性分析

通过对锡林浩特萤石矿采区的地压活动进行调查，主要是近空区穿脉巷道矿岩接触带位置的巷道两帮变形片落，而对于远离空区的下盘穿脉巷及脉外运输巷顶底板与两帮边壁围岩的稳定性良好。图 2.10 为巷道边壁岩体片落情况，可看出近空区穿脉巷主要采取锚杆＋锚网支护，同时利用木支架支撑顶板，随着巷道暴露时间的增加，巷道边壁出现了锚杆及锚网脱落的情况，边壁围岩片落情况比较明显，主要是沿着结构面片帮冒落。

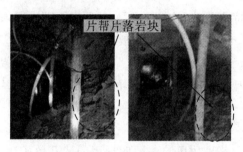

图 2.10 巷道边壁岩体片落情况

结合矿山地质及开采条件，锡林浩特萤石矿在采动压力的作用下，其影响因素可以概括为以下 3 个方面：其一，受岩体结构面分布特性的影响，根据现场结构面调查结果，锡林浩特萤石矿近矿围岩节理裂隙发育，主要由两组相互交错的急倾斜节理组成，这样的节理分布特征更有利于岩体的冒落及片帮发展，矿体采出后所形成的采掘空间破坏了原岩的应力平衡状态，致使岩体应力重新分布，原岩对采场巷道两帮边壁围岩施加载荷，在发育的节理影响下引起围岩变形或破坏；其二，受巷道与采空区空间位置关系的影响，锡林浩特萤石矿采用浅孔留矿法开采，在井下形成了大规模连续的采空区，空区的长时间暴露极易引发大规模的地压活动，地压将由空区边壁围岩传导至近空区的穿脉巷道中，引起巷道变形，由于巷道顶板受到锚杆＋锚网＋木支架的三重支护，因此变形及破坏主要出现在巷道边帮位置；其三，受边壁围岩稳定性的影响，锡林浩特萤石矿上、下盘围岩中等稳固，但在矿岩接触带存在一定厚度的蚀变闪长岩，其稳定性较差，巷道开挖后，导致围岩应力状态发生改变，即原岩中原积蓄的弹性应变能发生转移、集聚、耗散与释放，当集聚的应变能超过对应位置的极限积蓄能时，多余的能量将释放并形成围岩开挖损伤区，特别是当损伤区存在不稳岩层时，极易引发围岩变形及破坏，采场若长时间暴露也将引起边壁围岩片帮冒落。同时部分研究表明，当以水平应力作用为主时，地压显现主要发生在巷道顶底板位置；当以垂直应力作用为主时，地压显现主要发生在巷道两帮。而锡林浩特萤石矿目前所开采中段距地表约 200m，埋深较浅，主要受自重应力影响（垂直应力），这也是近空区巷道主要发生片帮破坏的原因。

综合分析，在上述主要影响因素共同作用的条件下，锡林浩特萤石矿近空区穿脉巷与采场的边帮围岩片帮冒落情况偶有发生，使采场作业条件进一步发生恶化，在威胁井下作业人员人身安全的同时，增加了矿石的贫化率，降低了回采率，无法满足矿山安全高效开采的需求，这表明现用浅孔留矿法已不适用。

第 3 章　临界散体柱作用机理研究

当采用空场法或崩落法开采急倾斜中厚矿体时，随着矿石的不断被采出，在形成的采空区跨度超过其极限冒落跨度时，空区顶板岩体在自重与地应力的作用下将会发生冒落，且由深部空区逐渐发展至地表，形成明显的地表塌陷坑。塌陷坑底的冒落岩块会随着采矿的进行继续下移，造成塌陷坑边壁围岩失去侧向支撑而发生片落，导致地表塌陷及岩移范围进一步扩大，而塌陷坑边壁围岩发生片落的程度取决于围岩本身的力学强度与冒落散体的侧向支撑力。因此，应重视塌陷坑冒落散体及废石充填体的侧压力在井下采矿及岩移控制中的重要影响，由此揭示出移动散体的临界散体柱作用机理。

3.1　临界散体柱支撑理论

3.1.1　塌陷坑散体支撑作用分析

在深部矿体开采中，受采矿方法、矿体倾角、边壁围岩稳定性、矿岩接触面及岩体结构面特征等因素的影响，采矿引起的地表塌陷坑类型如图 3.1 所示，而急倾斜中厚矿体开采形成的地表塌陷坑分布情况如图 3.2 所示。

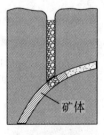　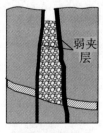　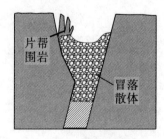

（a）直筒式塌陷　　　　（b）烟囱式塌陷　　　　（c）片落式塌陷

图 3.1　采矿引起的地表塌陷坑类型

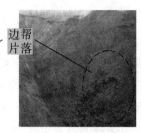

（a）锡林浩特萤石矿　　　（b）弓长岭铁矿　　　（c）双鸭山铁矿

图 3.2　急倾斜中厚矿体开采形成的地表塌陷坑分布情况

当边壁围岩的矿岩接触面破碎且强度较低时，往往会形成如图 3.2（a）所示的塌陷类型（筒型坑），即顶板岩体沿着矿岩接触面直立片落，由于无散体的支撑作用，近地表塌陷坑边帮围岩片落加剧，扩大了塌陷范围；当边壁围岩无明显的破碎接触带时，随着塌陷坑边壁围岩暴露时间的增加，片落散体堆积较高的一侧，其边壁围岩较稳定，无明显的片帮情况，而另一侧由于无散体的支撑，将导致边壁围岩片落加剧，如图 3.2（b）所示。对于强度一定的边帮围岩，如果塌陷坑内存在散体，所施加的侧压力可限制围岩的片落进程；如果存在足够多的充填散体，我们可以想象其是否能够对地表塌陷范围及岩移发展起到重要的控制作用。塌陷坑内的散体是空区顶板岩体在冒落过程中，在地应力、岩体间挤压及岩块间的相互撞击作用下形成的，随着散体堆积高度的增加，坑内散体由上到下逐渐沉实，致使散体堆积密度也会相应增加，这一结果已在西石门铁矿开采中加以证实。调研地点选择在一巷道端部，定期观测高约50m 的空区冒落散体堆积情况，观测时间约为 1 年，观测发现巷道端部所揭露的散体密实且陡立。为查明冒落散体的挤压状态，对巷道端部两帮进行了小范围挤压爆破实验，并未获得良好的挤压爆破空间，导致爆破效果非常差，说明当空区冒落散体堆积到一定高度后，底部散体完全挤压密实，无法为边壁围岩提供碎胀空间，在爆破作用下围岩无法达到有效的破碎效果，这表明了散体侧压力在控制围岩片落方面所发挥的重要作用。由于塌陷坑内散体的支撑作用限制了塌陷坑边界的扩展，地表塌陷范围随开采深度的增大而呈现非线性关系，这导致按传统的线性关系圈定的地表塌陷范围将存在一定的偏差。

3.1.2　临界散体柱理论

从塌陷坑边壁围岩的破坏过程分析，当塌陷坑内冒落散体向下发生移动时，顶部散体施加在边壁围岩上的侧向支撑力将卸除，这时边壁围岩失去支撑作用，受采动应力、自重应力及结构面等因素影响，将沿结构面朝向塌陷坑发生变形，由结构面间相互作用切割出来的块体，随着裂隙的发展而逐渐失稳，引发边壁围岩发生倾倒或滑移破坏，其上部块体由于失去支撑作用相继发生片帮冒落，一系列岩体的侧向崩落及片帮活动导致塌陷坑范围向外扩展。如果这些即将失稳的块体受到散体侧向支撑的作用，为其上部不稳岩块提供支撑力，则上部裂隙块体将趋于稳定而不会发生变形或者破坏（图 3.3）。因此，塌陷坑内散体提供的侧向支撑力，通过阻止边壁岩体的变形与片帮，来限制上部围岩的破坏发展，由此控制地表塌陷与岩移的扩展，而临界散体柱理论的提出正是源于散体的侧向支撑作用。

图 3.3　塌陷坑散体对边壁控制作用

临界散体柱理论表明，在特定的开采深度条件下，塌陷坑散体堆中存在一个散体柱，随着散体堆积高度的增加并达到一定程度后，散体柱由下到上存在临界深度，临界深度上方的散体柱提供的侧压力可以有效限制边壁岩体的片落，并对地表塌陷范围进行有效控制；临界深度下方的散体由于压缩刚度非常大，提供的侧向压力消除了边壁岩体片帮及破碎所需的碎胀空间，使边壁岩体保持近似原位条件下所表现的完整岩体的自稳强度，临界深度上方的散体柱称为临界散体柱。

传统思想认为，临界深度之上的空区是造成地表塌陷范围扩张的主要原因，临界深度之上塌陷坑中的充填散体及冒落散体在地表塌陷与岩移发展中并未起到作用，这种观点忽略了其上部的散体堆（临界散体柱）在地表塌陷及岩移发展中的重要作用。临界散体柱理论在以往的应用中主要结合矿山塌陷实际情况进行统计分析，对于散体柱内部散体的侧压力变化特征的研究相对较少。因此，重点研究静止及放矿状态下散体侧压力的变化规律，对于揭示移动散体的临界散体柱作用机理具有重要意义。

3.2　散体侧压力变化规律实验研究

散体侧压力与散体堆积高度、壁面倾角、散体粒度分布及边壁围岩的稳定性等因素密切相关。以往对散体侧压力的研究往往侧重于均质散粒体在静止状态下的侧压力变化特性，忽略了放矿条件下移动散体受矿体倾角及围岩变形影响的侧压力变化规律。在采矿过程中，塌陷坑内散体为非均质的，且会随着放矿的进行不断向下移动，因此在考虑该因素的前提下，本章节将通过物理相似实验，结合锡林浩特萤石矿塌陷坑废石散体的实际分布特征，重点研究不同矿体倾角与放矿条件下散体侧压力的变化规律。

3.2.1　实验设备及原理介绍

本实验采用吉林省金力试验技术有限公司与东北大学共同研发的散体侧压力实验系统（图 3.4）。该系统主要由散体实验装置与数据采集装置两部分组成，其中散体实验装置尺寸为 $50cm×20cm×160cm$（长×宽×高），模型相似比为 1∶100，前后两侧共设置 16 个传感器采集通道（每侧 8 个），由下到上的分布次序分别为 1～8 号与 9～16 号（代表埋深 20～160cm，每个传感器承担厚 20cm 的散体的应力测量范围），1 号与 9 号为最下部采集通道，8 号与 16 号为最上部采集通道。采用 CSF−1A 型位移传感器，传感器安装在可移动光滑轴杆上，在轴杆端部安装数据传输线连接采集设备端。实验装置顶部设置散体放入口，中间部位安放角度显示器，结合角度调节杆实现对装置的指定角度变换，在装置底部设置 4 个散体放出口，由里到外分别设定为 1～4 号放出口，每个放出口尺寸为 3cm×3cm，1～8 号通道靠近放出口，9～16 号通道远离放出口。数据采集装置由电脑系统构成，数据通过电脑端以曲线视图和数据视图两种方式显现，实验采用脚梯完成散体物料的装填作业。

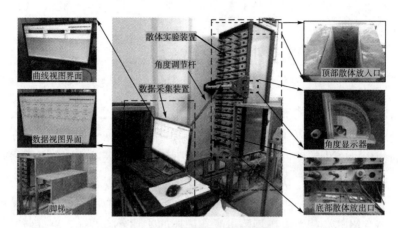

图 3.4 散体侧压力实验系统

首先，对传感器进行标定，利用传感器标定程序，通过输入参数校正实验力与变形，实现对传感器的准确标定。其次，调节传感器初始值，需要将当前传感器实测值作为测量零点时，可直接点击该传感器对应的"置软件零点"按钮；需要恢复显示传感器真实值（包括初始值）时，可直接点击该传感器对应的"恢复初始值"按钮；在确定传感器不受力的情况下，点击对应通道的"置硬件零点"按钮，设定并保存设备零点。最后，采集并保存所需侧压力数据值，分为人工采集与自动采集两种方式，人工采集时主要针对实验不同阶段需要的实验值进行手动选择；自动采集时可以预先设定采集时间间隔，实验开始时点击"自动采集"按钮，直到整个实验结束。

3.2.2　实验过程

本实验以相似理论为依据，结合矿山实际情况确定实验所需参数。根据锡林浩特萤石矿地表废石散体的实际粒径分布情况，对实验用散体的粒径级配进行选择，最终采用白云岩作为实验散体进行侧压力实验，根据现场废石散体的实际粒径分布对实验用散体进行适当破碎，实验散体级配情况见表 3.1。

表 3.1 实验散体级配情况

粒径分布（cm）	<0.1	0.1≤范围<0.3	0.3≤范围<0.7	0.7≤范围<1.0	≥1.0
散体级配（%）	8.6	28.3	45.9	11.5	5.7

锡林浩特萤石矿矿体倾角为 $80°\sim90°$，因此为了研究不同倾角下散体在静止及放矿条件下的侧压力变化规律，选取实验矿体倾角为 $80°$、$85°$ 与 $90°$。实验分为 3 个部分：一是静止条件下不同倾角散体侧压力变化规律实验；二是放

矿条件下不同倾角散体主动侧压力变化规律实验；三是放矿条件下不同倾角散体被动侧压力变化规律实验。研究中定义：壁面固定条件下，散体对壁面施加的侧压力称为主动侧压力；壁面变形条件下，对散体施加的侧压力称为被动侧压力（即散体克服壁面变形所承受的侧压力）。散体从放出口均匀放出，单个放出口单次放出量约为 1kg，在散体放出过程中，适时将放出散体回填至模型中，保证散体在高度上不发生明显变化。

　　散体侧压力变化规律实验主要步骤（图 3.5）如下：

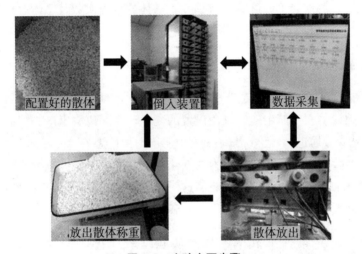

图 3.5　实验主要步骤

　　（1）将实验设备调节至 90°，打开数据测试装置，检查 16 个测试通道是否正常，确认无误后，将连接每个传感器的移动轴杆推至最外侧，对软件进行清零操作并保存数据。

　　（2）将底部 4 个放出口封堵，按次序将配置好的散体缓慢均匀地倒入实验装置中，共装填 8 层，每层装填量 36～40kg。由于 1 个传感器负责的散体高度 20cm，因此当一次散体倒入高度达 20cm 时，对侧压力数据进行手动采集并保存，直到散体颗粒填满整个装置，共进行 8 次数据采集，获得静止条件下散体侧压力值。

　　（3）将底部放出口按照放出次序依次打开进行连续放出实验，单放出口单次放出量 1kg，随放出随充填，以保证散体堆积高度不发生明显变化。放出一次，手动采集一次各通道的散体侧压力值，直到各通道的散体侧压力值不发生大的波动为止，以获得放矿条件下的散体主动侧压力值。

　　（4）重新装填散体，随后打开放出口不间断放矿，侧压力系统设定为每

2s 自动采集一次数据，实验中通过 9~16 号通道（上盘）依次对散体施加被动压力，共 8 个加载循环，单次加载值 0.5cm，来模拟边壁岩体的持续变形，自动采集放矿条件下散体被动侧压力值，当散体被动侧压力值趋于稳定后，对各通道顺次进行卸载，实验结束。

（5）一次倾角实验结束后，将散体全部放出，调节实验设备倾角为 85°与 80°，重复上述实验步骤进行下一组实验。

需要注意：不同倾角的侧压力实验中，为了保证所测得散体侧压力值的有效可对比性，总体装填高度需保持一致，散体的放出次数及总体放出量也要保持一致。

3.2.3　实验结果分析

由于在实际开采中，随着矿体倾角的改变，垂直矿体走向一般划分为上盘与下盘。因此，在实验中随着倾角设置的变化，将远离放出口一侧边壁定义为上盘（9~16 号通道），近放出口一侧边壁定义为下盘（1~8 号通道）。实验中采用平均变化率来表征散体侧压力的变化程度，即随着散体持续放出，侧压力由初始值增加或者减少至近似稳定值这一过程的平均变化率，其包括平均增加率与平均降低率。

3.2.3.1　静止条件下散体侧压力实验结果分析

不同埋深与倾角下底部散体侧压力分布曲线如图 3.6 所示。散体侧压力整体表现为单调增加，主要分为两个阶段，即快速增加阶段与缓慢增加阶段。随着散体埋深的增加，位于底部的散体在上覆散体重力与散体间相互挤压的作用下，散体接触面积迅速增加，引起散体间摩擦系数增大，散体侧压力快速增加。随着散体间接触面积逐渐趋于饱和并沉实，散体间的强相互作用减弱导致侧压力由快速增加逐渐转变为缓慢增加，这表明当散体增加到一定高度后，存在一临界高度，其下部散体产生的侧压力增加到一定数值后逐渐趋于稳定，散体压缩刚度大到一定程度后对壁面逐渐形成稳定的支撑作用。

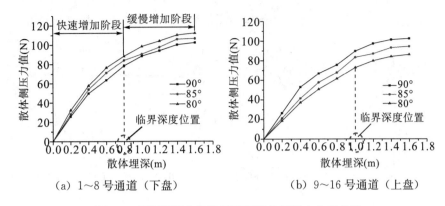

（a）1～8 号通道（下盘）　　　　（b）9～16 号通道（上盘）

图 3.6　不同埋深与倾角下底部散体侧压力分布曲线

针对不同矿体倾角，上、下盘散体侧压力表现出不同的变化特征。下盘侧随着壁面倾角的增加，散体侧压力值呈现减小的趋势，平均降低率约 4.5%，临界深度约 0.8m；上盘侧随着壁面倾角的增加，散体侧压力值变化趋势与下盘相反，呈现增加趋势，平均增加率约 7.9%，临界深度约 1.0m。表明随着散体埋深的增加，散体对下盘壁面的侧压力更容易达到稳定，下盘侧临界散体柱的高度值也要略低于上盘，即塌陷坑内散体埋深如果满足上盘边壁围岩稳定所需的临界散体柱高度，也一定满足下盘边壁围岩稳定所需的临界散体柱高度要求。随着矿体倾角的改变，下盘边壁散体侧压力值与矿体倾角负相关，上盘边壁散体侧压力值与矿体倾角正相关，且上盘边壁散体侧压力的变化幅度要高于下盘，说明散体的侧压力对上盘边壁的作用更加突出。

3.2.3.2　放矿条件下散体主动侧压力实验结果分析

放矿条件下，90°倾角散体主动侧压力变化曲线如图 3.7 所示。在近放矿口一侧（下盘），随着散体的不断放出与回填，埋深 100～160cm 的散体主动侧压力整体表现为升高，表明散体的松散范围已达埋深 100cm 位置，平均升高率分别为 4.40%、9.78%、13.56%、17.16%，平均升高速率逐渐增大，散体累计放出量达约 50kg 时，不同埋深位置散体主动侧压力平稳波动。埋深 20～80cm 的散体主动侧压力整体缓慢减小，其中埋深 80cm 的散体主动侧压力近似平稳波动，说明散体的移动对于该位置的散体主动侧压力影响很小，此时散体已满足临界深度要求；埋深 40cm 与 60cm 的散体主动侧压力值增加速率逐渐提高，表明该位置的散体不会随着底部散体的放出发生明显的移动，同时散体间接触面积不断增加导致挤压空间减小，增加了对壁面的侧压力，临界散体柱则存在于该部位以上的散体堆中；埋深 20cm 的散体由于已经接近上表面，初期在自重作用下散体主动侧压力缓慢增加后逐渐降低，最终平稳波动。

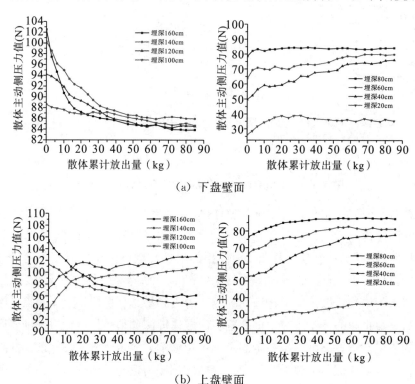

（a）下盘壁面

（b）上盘壁面

图 3.7 90°倾角散体主动侧压力变化曲线

远离放矿口一侧（上盘），埋深 160cm 与 140cm 的散体主动侧压力值随散体放出逐渐降低，平均降低率为 8.43％与 4.97％。埋深 120cm 与 100cm 的散体主动侧压力值在变化趋势上相对复杂，可分为 4 个过程：放出量为 0～20kg 时，散体主动侧压力迅速增加并达到峰值；放出量为 20～35kg 时，散体主动侧压力出现降低与反弹；放出量为 35～60kg 时，散体主动侧压力平稳波动；放出量为 60～85kg 时，散体主动侧压力缓慢增加。表明散体的有效松散高度在上盘侧仅达到埋深 140cm 散体所在位置，该位置散体主动侧压力受底部散体放出影响明显，埋深 120cm 与 100cm 的散体整体在下移过程中逐渐沉实，导致初期散体主动侧压力迅速增加，而后其增加到峰值又降低这一情况可能与散体间的结拱现象有关，即散体在流动过程中在摩擦力的作用下相互咬合，其下部形成一定空间，在上覆散体重力持续作用下咬合失效，这时散体迅速下移填充底部空间导致散体主动侧压力降低。当空间逐渐填实，该部位散体主动侧压力值也趋于平稳，随着散体不断沉实，散体主动侧压力又会有所增加。埋深

20cm 与 80cm 的散体主动侧压力变化规律与下盘侧基本一致，整体表现为缓慢增加后趋于稳定。

85°倾角散体主动侧压力变化曲线如图 3.8 所示。近放矿口一侧（下盘），随着散体的不断放出与回填，埋深 120～160cm 的散体主动侧压力表现为整体升高，平均升高率分别为 7.23％、10.87％、14.17％，不同于 90°倾角，埋深 100cm 的散体主动侧压力开始增加，平均增加率达 2.96％，表明散体的有效松散高度达埋深 120cm 所在位置。埋深 20～80cm 的散体主动侧压力变化趋势与 90°倾角基本一致。远离放矿口一侧（上盘），埋深 100～160cm 的散体主动侧压力变化趋势与 90°倾角基本一致，其中埋深 160cm 与 140cm 的散体主动侧压力平均降低率分别为 6.54％与 4.07％，埋深 120cm 与 100cm 的散体主动侧压力平均增加率分别为 5.72％与 8.56％。

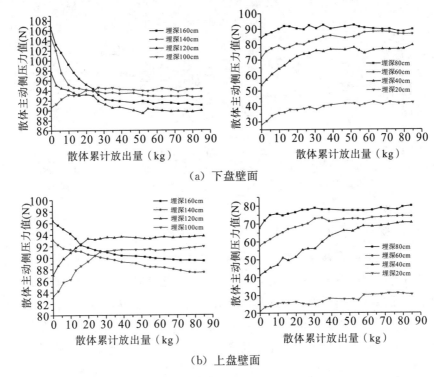

（a）下盘壁面

（b）上盘壁面

图 3.8　85°倾角散体主动侧压力变化曲线

80°倾角散体主动侧压力变化曲线如图 3.9 所示。近放矿口一侧（下盘），随着散体的不断放出与回填，埋深 120～160cm 的散体主动侧压力整体升高，平均升高率分别为 10.93％、7.50％、4.01％，埋深 100cm 的散体主动侧压力平均增加率为 4.36％，散体的有效松散高度位于埋深 100cm 所在位置。埋深

20~80cm 的散体主动侧压力变化趋势与 85°倾角基本一致。远离放矿口一侧（上盘），埋深 120~160cm 的散体主动侧压力变化趋势与 85°倾角基本一致，埋深 160cm 与 140cm 的散体主体侧压力平均降低率分别为 5.31％与 2.23％，埋深 120cm 与 100cm 的散体主动侧压力平均增加率分别为 6.96％与 6.47％。

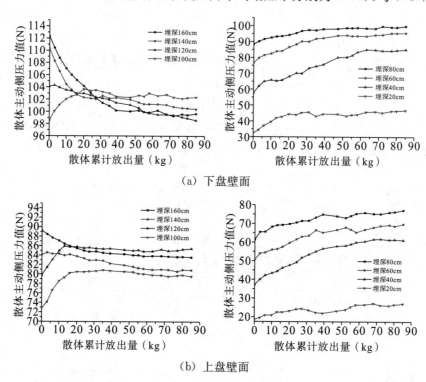

（a）下盘壁面

（b）上盘壁面

图 3.9 80°倾角散体主动侧压力变化曲线

上述研究表明，在保持散体埋深不变的条件下，散体在放出过程中，仅造成放矿口附近的散体主动侧压力降低，放矿口附近散体由上盘向下盘移动，对下盘散体的挤压作用增强，导致上盘降低范围要高于下盘，该值小于或近似等于静止条件下的临界深度值，即在塌陷坑散体移动过程中，只要保持临界散体柱高度不发生变化（散体总体充填高度不变），井下放矿将不会对临界散体柱产生影响。随着散体的移动并逐渐沉实，压力降低区以外的散体对壁面的主动侧压力进一步加大，该部分散体将对近地表边壁围岩变形起到限制作用，这一实验结果验证了临界散体柱理论在放矿下应用的可靠性。

放矿条件下，不同倾角下埋深 20~80cm 的散体主动侧压力变化规律基本一致，研究将重点分析埋深 100~160cm 的散体主动侧压力分布特征。不同倾角的散体主动侧压力变化率如图 3.10 所示，图中，负值代表散体主动侧压力平均降低率，正值代表散体主动侧压力平均增加率。近放矿口一侧（下盘），随着矿体倾角的增加，散体主动侧压力平均降低率逐渐增加，其中埋深 100cm 的散体主动侧压力变化率由 80°与 85°时的增加转变为 90°时的降低，表明倾角的增大提高了深部散体的松散范围，降低了下盘散体对边壁的主动承载能力，进一步降低了下盘边壁近放矿口区域壁面的稳定性，增加了满足临界散体柱高度要求所需的临界深度值。远离放矿口一侧（上盘），随着倾角的增加，埋深 160cm 与 140cm 的散体主动侧压力平均降低率逐渐增加，与下盘侧变化规律基本相同。埋深 120cm 的散体主动侧压力平均增加率逐渐降低，埋深 100cm 的散体主动侧压力平均增加率逐渐增加，表现出与下盘侧不同的变化特征。这表明随着倾角的增加，导致接触点下方散体受移动松散作用影响使散体主动侧压力平均降低率增加，而接触点上方散体主要受散体颗粒间强相互作用与上覆散体重力共同影响，导致散体主动侧压力平均增加率增加，这也是临界散体柱支撑理论的主要体现。

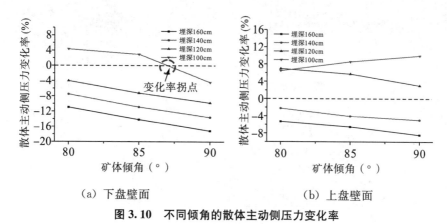

(a) 下盘壁面　　　　　　　　(b) 上盘壁面

图 3.10　不同倾角的散体主动侧压力变化率

3.2.3.3　放矿条件下散体被动侧压力实验结果分析

基于静止条件下散体侧压力实验结果，散体的侧压力对上盘壁面的作用更加突出。因此，研究将重点分析不同倾角下上盘散体被动侧压力变化特征，不同倾角下散体被动侧压力曲线如图 3.11～图 3.13 所示。整个实验过程可以分为 3 个阶段，即壁面变形阶段、变形稳定阶段与卸载阶段。壁面变形阶段主要指多阶段循环加载增加壁面位移（变形）的过程，不同倾角及埋深下散体被动侧压力随着加载的持续不断升高，其中埋深 160cm 与 140cm 的散体被动侧压力增加尤为明显，壁面对散体施加的被动侧压力随散体埋深的增加而增大。变形稳定阶段主要指加载结束后散体被动侧压力变化趋于稳定的过程。80°~90°的倾角下，8个循环的被动压力施加完成后，埋深160cm所在位置散体的最终稳定被动侧压力值分别为初始主动侧压力值的8.0倍、8.5倍与9.3倍，其余上部通道被动侧压力值约为初始主动侧压力值的1.5~4.0倍。在卸载阶段，经过4次卸载，散体的被动侧压力通过阶梯式下降最终与主动侧压力值相接近。研究表明，在放矿条件下，移动散体的被动侧压力整体大于其主动侧压力，即被动侧压力发挥更主要的作用。

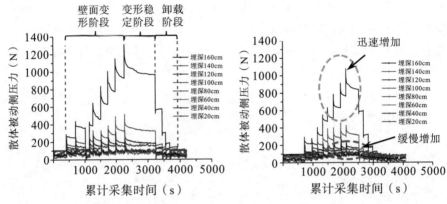

图3.11　90°倾角散体被动侧压力曲线　　图3.12　85°倾角散体被动侧压力曲线

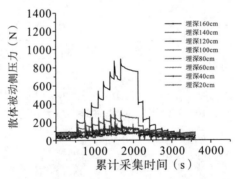

图3.13　80°倾角散体被动侧压力曲线

　　散体被动侧压力趋于稳定时，不同倾角下散体被动侧压力随埋深与加载量的变化关系见表3.2~表3.4。可以看出，散体在移动状态下仍然具有较高的被动压力，且受上盘壁面倾角与散体埋深的共同影响。加载量相同时，上盘倾角越大，散体被动侧压力承载能力越大；同一倾角条件下，随着埋深与加载量的增加，散体被动侧压力逐渐增加，当达到一定深度后，散体被动侧压力承载能力迅速增加，深部散体被动侧压力要远远大于表层散体被动侧压力。不同倾角下，移动散体被动侧压力随埋深和加载量变化的回归方程见式（3.1）。可以看出，当倾角不变时，散体埋深对边壁被动侧压力的影响大于加载量（围岩变形量）的影响；当散体埋深不变时，散体被动侧压力随加载量的增大成线性增长。

表 3.2　90°倾角散体被动侧压力随埋深与加载量的变化值

加载量 (cm)	不同埋深散体被动侧压力（N）							
	0.2m	0.4m	0.6m	0.8m	1.0m	1.2m	1.4m	1.6m
0.5	52	65	77	89	98	128	155	245
1.0	58	72	81	93	108	142	184	365
1.5	66	76	87	99	115	151	204	389
2.0	69	78	89	102	133	157	213	459
2.5	71	80	90	105	140	167	248	634
3.0	74	86	93	108	155	181	283	778
3.5	77	88	95	110	165	186	322	876
4.0	79	90	98	114	172	190	341	971

表 3.3　85°倾角散体被动侧压力随埋深与加载量的变化关系

加载量 (cm)	不同埋深散体被动侧压力（N）							
	0.2m	0.4m	0.6m	0.8m	1.0m	1.2m	1.4m	1.6m
0.5	39	57	70	87	99	106	138	215
1.0	42	64	76	92	101	116	158	276
1.5	46	68	79	94	108	138	187	322
2.0	51	70	83	97	122	146	208	398
2.5	55	73	85	101	132	155	237	509
3.0	61	79	88	104	138	158	272	630
3.5	70	82	90	108	150	167	308	762
4.0	75	84	93	111	161	175	314	839

表 3.4　80°倾角散体被动侧压力随埋深与加载量的变化关系

加载量（cm）	不同埋深散体被动侧压力（N）							
	0.2m	0.4m	0.6m	0.8m	1.0m	1.2m	1.4m	1.6m
0.5	35	51	65	83	91	97	115	201
1.0	41	55	69	87	94	103	135	247
1.5	47	59	75	90	102	121	164	285
2.0	51	63	80	95	107	127	184	346
2.5	55	67	84	101	112	136	206	447
3.0	60	74	86	106	120	147	232	552
3.5	66	78	88	110	132	156	269	681
4.0	71	81	91	112	143	167	282	755

$$\begin{cases} \tau = (1.56 \times H^{8.35} + 13.31) \cdot (2.03 \times \Delta x + 1.96) & (R = 0.973, \theta = 90°) \\ \tau = (1.92 \times H^{7.36} + 11.06) \cdot (2.21 \times \Delta x + 1.98) & (R = 0.968, \theta = 85°) \\ \tau = (1.58 \times H^{7.73} + 11.86) \cdot (1.97 \times \Delta x + 1.38) & (R = 0.966, \theta = 80°) \end{cases}$$

$$(3.1)$$

式中，H 为埋深，m；θ 为壁面倾角，°；Δx 为加载量（围岩变形量），cm；τ 为散体被动侧压力，N；R 为拟合相关性系数。

为了进一步分析移动散体被动侧压力与散体埋深、壁面倾角及加载量间的关系，对实验结果进行回归得到式（3.2）。可以看出，散体被动侧压力与壁面倾角、散体埋深及加载量正相关。其中，受埋深的影响最大，其次为加载量，最后为壁面倾角。该表达式可为矿山临界散体柱设计提供依据。

$$\tau = (2.09 \times \sin\theta - 1.95) \times (4.27 \times H^{7.85} + 30.83) \times (6.0 \times \Delta x + 5.57)$$

$$(3.2)$$

总之，塌陷坑充填散体后，边壁岩体的变形（加载量）、散体埋深及壁面倾角的增加都会增大散体的被动侧压力，在与主动侧压力的共同作用下可有效阻止边壁围岩的侧向片落。由于底部一定高度的散体被动侧压力值很大，可以满足其上部临界散体柱保持高强度且稳定的支撑作用，更有利于维护塌陷坑边壁岩体的稳定。

3.3　临界散体柱作用机理分析

　　基于临界散体柱支撑理论与散体侧压力实验研究成果,临界散体柱受矿体倾角、充填散体高度、边壁岩体的稳定性及散体的移动状态等因素的影响。针对特定矿岩条件,前几种影响因素基本可以实际测得,而散体在塌陷坑内的流动状态很难在现场直接测得。临界散体柱发挥作用的前提是塌陷坑内充填散体能够保持连续流动,对于能够有效流动的散体,塌陷坑内冒落及充填散体的密度会随着充填高度的增加而增大,随着底部散体的逐渐沉实,将消除边壁围岩变形所需的空间,从而有效限制围岩的片帮破坏。然而,在实际采矿环境中,充填散体的高度会随着采矿的延深而不断下移,此时在散体放矿条件下临界散体柱对边壁围岩的作用将发生变化,这可以利用散体的流动特性来进行解释。

　　基于散体侧压力变化规律实验成果,在井下放矿过程中,出矿口附近的散体首先发生松动,随着矿石的放出,松动范围逐渐增大,最终形成如图 3.14 (a) 所示的松动体形态,此时松动体内的散体挤压密度逐渐降低,这导致所在区域内围岩受到的水平应力与垂直应力随之减小(边壁岩体受到的侧压力减小)。根据随机介质放矿理论,放出体与松动体的作用关系见式(3.3),该式可用于确定放矿区域附近散体的松动范围,由于松动范围小于或近似等于边壁岩体稳定状态下静止散体的临界深度,据此可以对临界散体柱进行初步预测。

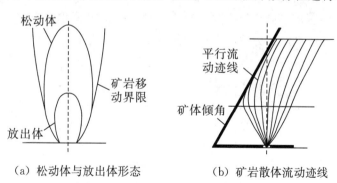

（a）松动体与放出体形态　　　　（b）矿岩散体流动迹线

图 3.14　放矿条件下矿岩散体流动形态

$$H = h \cdot (\alpha + 1) \cdot \sqrt{\frac{\delta}{\delta - 1}} \qquad (3.3)$$

式中, H 为松动体高度,m; h 为放出体高度,m; δ 为散体下移时的二次松散系数; α 为散体流动参数。

随着放矿的结束，放矿口附近散体由上盘向下盘的流动趋势减缓，最终松动体及其上部的散体的下降速度减缓并逐渐沉实，散体的变形刚度达到很大值，这时随着沉实散体层面的提高，散体的最终移动迹线与围岩壁面基本平行[图 3.14（b）]。保持对边壁岩体持续施加侧压力，当缓慢下移的散体柱满足临界散体柱所需高度时，临界散体柱下方散体便会提供足够大的侧向支撑力，而临界散体柱的存在使塌陷坑边壁围岩不再发生侧向片落，达到了控制地表塌陷范围继续扩大的目的。根据临界散体柱支撑理论，充填散体对上盘侧壁的法向压力表达式为：

$$\tau = \sigma(\sin\theta\cot\theta_0 - \cos\theta) \quad (\theta_0 \leqslant \theta \leqslant 90°) \quad (3.4)$$

式中，τ 为作用在上盘侧壁的法向散体应力，N；σ 为散体的垂向压应力，$\sigma = \gamma H$，N；γ 为散体的重度，kN/m³；H 为散体的高度，m；θ_0 为散体坡面角，°；θ 为矿体倾角，°。

其中：

$$\lambda = \sin\theta\cot\theta_0 - \cos\theta \quad (3.5)$$

式中，λ 为散体对侧壁的侧压力系数。

通过现场调研，锡林浩特萤石矿废石散体的平均坡面角为 40°，代入式（3.5），得到散体对塌陷坑边壁的侧压力系数随矿体倾角的变化关系（图 3.15）。倾角从 80°增加到 89°时，上盘散体侧压力系数随矿体倾角的增加而单调增大，即矿体倾角的增加可增强散体对上盘壁面的侧压力，进而降低临界散体柱所需的高度，这与散体侧压力实验研究结果相一致。结果表明，在现场应用中，随着矿体倾角的改变，临界散体柱的高度值也会发生相应的变化，确定临界散体柱高度的方法将在后续研究中加以说明。

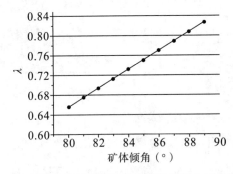

图 3.15　矿体倾角与散体对塌陷坑边壁的侧压力系数的变化关系

在壁面边界影响下散体中的应力传递依靠散体接触点由一个散粒体传至其他散粒体，接触点越多且接触面积越大，散体的压实密度越大，则散体施加的强度就越高，也就是对侧壁的支撑力越大，而散体间相互接触点数会随着作用力的变化而改变。因此，散体对边壁围岩的侧压力的大小很大程度上取决于散体密度的大小，而散体密度的大小一方面取决于散体埋深，另一方面取决于围岩的变形量。随着散体堆积高度的增加，在自重应力作用下，散体对边壁岩体施加主动侧压力 $\sigma_{主}$［图 3.16（a）］。与此同时，受边壁围岩变形的影响，散体颗粒间相互挤压，导致孔隙减小，接触点数目增加，散体密度增大，这时散体又会承受由于边壁岩体变形对其施加的被动侧压力 $\sigma_{被}$［图 3.16（b）］，根据力系平衡原理，散体克服自身变形同样会对边壁围岩施加很大的被动侧压力。受放矿影响，松散区仅为整个堆积散体的一部分，该作用区内主要受散体主动侧压力的影响，对边壁围岩的支撑作用较弱（散体侧压力实验已证实），而散体的主、被动侧压力主要在散体密实区发挥作用。针对急倾斜中厚矿体，当矿体厚度较小时，围岩变形导致的散体挤压作用更加突出，使散体产生很大的变形刚度，以此来限制边壁围岩的变形。因此，移动散体对边壁岩体的作用关系是主动侧压力与被动侧压力共同作用的结果，临界散体柱的支撑作用也正是源于散体的侧压力。

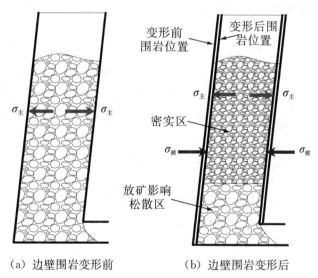

（a）边壁围岩变形前　　　　（b）边壁围岩变形后

图 3.16　受围岩变形影响的散体侧压力变化情况

结合散体力学研究成果，将散体连续化处理后，在极限平衡状态下，散体的应力状态表达式如下：

$$\begin{cases} \sigma_z = \gamma z \\ \sigma_x = \gamma z \cdot \dfrac{1 \mp \sin\varphi}{1 \pm \sin\varphi} \end{cases} \tag{3.6}$$

式中，σ_z 为垂直应力，N；σ_x 为水平应力，N；γ 为散体的容重，N/m³；z 为散体高度方向坐标值，m；φ 为散体内摩擦角，°；上、下运算符分别表征主动侧压力与被动侧压力。

在塌陷坑散体存在条件下，随着井下采矿的进行，移动的散体将造成其密度减小，颗粒间的接触数量也会随之减小，降低了散体对边壁岩体的作用力，而移动状态下底部散体的侧压力小于静止状态下底部散体的侧压力，此时散体的内摩擦角应不小于散体的放出角。通过实测井下出矿过程中废石散体的放出角（锡林浩特萤石矿废石散体放出角约 40°），可近似计算塌陷坑内散体在流动过程中，主动侧压力系数为：

$$\lambda_{主} = \frac{1-\sin\varphi}{1+\sin\varphi} \approx \frac{1-\sin40°}{1+\sin40°} = 0.217 \tag{3.7}$$

根据计算结果，散体的主动侧压力很小，无法有效阻止边壁围岩的片落，而围岩在变形和破坏过程中会对散体施加变形压力，随着变形程度的加大，侧压力会迅速增加，逐渐使散体产生被动侧压力。如果边壁岩体发生大范围变形与破坏，必须克服散体的被动侧压力以满足其所需的碎胀空间，这时被动侧压力系数可近似计算为：

$$\lambda_{被} = \frac{1+\sin\varphi}{1-\sin\varphi} \approx \frac{1+\sin40°}{1-\sin40°} = 4.602 \tag{3.8}$$

研究发现，被动侧压力的最大值约为主动侧压力的 21.2 倍，说明在整个移动散体作用阶段，被动侧压力占主导作用，这在散体侧压力变化规律实验中得到了证实。锡林浩特萤石矿岩体的碎胀系数为 1.5，即原岩密度约为松散体密度的 1.5 倍，被动测压力系数与岩体碎胀系数的比值为：

$$\eta = \frac{\lambda_{被}}{\tau_{碎}} = \frac{4.602}{1.5} = 3.07 \tag{3.9}$$

由此可见，边壁岩体大范围片落时需要克服的散体被动侧压力明显大于岩体在自重应力场下的最大主应力，因此当散体堆积高度达到一定程度时，在一定深度下边壁岩体由于受散体的挤压作用将不会发生破坏甚至变形，这时临界散体柱将发挥显著作用以达到控制地表岩移的目的。

综合分析，塌陷坑内移动散体柱（受放矿影响）主要分为 3 个作用区域，即底部松动散体柱作用区、中部压实散体柱作用区与上部临界散体柱作用区（图 3.17）。

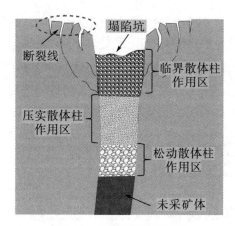

图 3.17　散体柱作用区分布

松动散体柱作用区：受井下放矿影响，放矿口附近散体首先发生松动，且松动范围逐渐向上传播，直至放矿结束，松动体高度可根据式（3.3）计算得到，该作用区内散体的侧压力作用主要分为两个阶段。随着矿石的放出，散体侧压力逐渐降低（此时主要为散体主动侧压力发挥作用），这时底部边壁围岩的稳定性也会随之降低；放矿结束后，随着散体的逐渐沉实并趋于稳定，由主动侧压力逐渐转变为被动侧压力发挥主要作用，侧压力逐渐增加，致使边壁围岩的稳定性也随之增加。在保持散体总堆积高度不变的前提下，该作用区内散体侧压力的变化不会对地表塌陷及岩移产生影响，即井下放矿不会引起地表塌陷及岩移范围的扩大。

压实散体柱作用区：在保持散体堆积高度不变的前提下，该作用区内的散体不会随着井下放矿的进行而发生明显的松动，而是始终保持高密度压实状态，散体的侧压力始终以被动侧压力为主，且随着放矿扰动，散体侧压力会越来越大直至趋于稳定，此时消除了边壁围岩碎胀所需的空间，使边壁围岩保持近似完整岩体的强度，为其上部的临界散体柱作用区提供应力支撑，它与松动散体柱共同构成临界深度值。

临界散体柱作用区：该作用区是控制地表塌陷及岩移发展的最主要区域，散体柱的高低直接决定地表塌陷范围的大小。根据散体被动侧压力实验结果，随着散体埋深的增加，散体柱由上到下主要表现为主动侧压力发挥作用转变为主、被动侧压力共同发挥作用，对边壁岩体的支撑作用由上到下逐渐增强，其提供的侧向支撑力可使塌陷坑内临界散体柱上方一定高度范围内的边壁裂隙岩体保持稳定装填，在图 3.3 中表现尤为明显，从而达到控制地表塌陷及岩移发展的目的。

基于上述分析结果，临界散体柱支撑理论可用于移动散体作用下的地表塌陷与岩移控制分析，井下放矿造成松动散体柱作用区内的散体侧压力降低。在压实散体柱作用区与临界散体柱作用区，散体的主动侧压力与被动侧压力共同发挥作用限制边壁岩体的变形与破坏，其中被动侧压力在阻止边壁岩体的片落过程中发挥更主要的作用。随着地下采矿活动的持续进行，塌陷坑内散体将会随之下移，引起边壁围岩再次发生失稳片落，因此在地表塌陷坑趋于稳定时，若能始终保持临界散体柱有效作用高度，就可保障边壁岩体的稳定性，从而限制地表塌陷及岩移的扩展。

3.4　临界散体柱支撑理论在采矿工程中的作用

3.4.1　在竖井保安矿柱优化中的作用

急倾斜中厚矿体条件矿山在开采中普遍采用岩移角来圈定竖井保安矿柱，保安矿柱呈现锥形向深部发展，随着开采的延深，所圈定的矿柱范围越来越大，导致可采矿量急剧减少。这种矿柱圈定方法往往忽略了井下采空区内片帮冒落散体及塌陷坑内的废石散体对边壁围岩的支撑作用，导致矿柱圈定范围过大，造成不必要的资源损失。根据临界散体柱作用机理，当冒落及充填散体高度满足临界散体柱所需高度要求时，其下部散体提供的侧向支撑力可使边壁围岩达到近乎原位条件下的自稳强度，其上部的散体也可使已形成的塌陷坑及边壁岩体保持当前的稳定状态，即只要保证塌陷坑内的临界散体柱位置高度不发生变化，地表所呈现的塌陷及岩移趋势将不会扩展。因此，在竖井保安矿柱优化过程中，应充分考虑散体的侧压力支撑作用，根据现场矿岩条件下的临界散体柱计算高度值与塌落角来优化竖井保安矿柱，由于临界散体柱下方的散体可以满足边壁岩体的自稳需求，因此可根据竖井需要保护的安全级别范围，按照塌落角向下延深进行确定，达到临界散体柱高度时竖直向下延深形成一个柱形矿柱区域，只要保证该区域范围外的塌陷坑散体满足临界散体柱所需高度要求，竖井将不会遭受岩移威胁。

3.4.2　在采空区治理与竖井稳固中的作用

常用的采空区治理方法有崩落法及充填法，崩落法处理采空区主要是将空区顶柱崩落，将顶板散体覆盖层引下充填采空区；充填法处理采空区主要是利用废石散体及尾砂充填体对井下采空区进行充填，两种采空区治理方法都利用了散体的侧压力对边壁围岩的支撑作用。部分采用空场法及崩落法开采的矿山，为了追求利益最大化往往将竖井保安矿柱内的矿体进行开采，导致矿柱稳定性降低，矿柱开采破坏区域与井下采空区连通，针对这种情况，如要增强竖井的稳定性必须考虑采空区的治理。通过崩落顶柱或充填井下采空区，增强压实散体柱作用区内充填散体的侧压力，以此提高空区边壁围岩的稳定性，随后对竖井保安矿柱破坏范围进行有针对性的补充充填，在消除空区危害的同时，可有效保障竖井的稳定运行。

3.4.3　在矿石损失与贫化控制中的作用

矿石的损失与贫化率一直是矿山开采中需要重点控制的技术经济指标，对于边壁含有不稳夹层的急倾斜中厚矿体，矿石损失贫化的程度主要取决于边壁不稳岩层的暴露面积及暴露时间，可以通过增强边壁围岩的稳定性、减小暴露面积及时间来进行控制。例如，锡林浩特萤石矿原采用浅孔留矿法开采，按中段由下向上逐步回采，每一分层都要留有 3~4m 的作业空间，开采前期由于矿石层厚度较小，无法对边壁围岩形成足够大的侧向支撑力，边壁围岩片帮冒落得不到有效控制，这是导致开采过程中矿石贫化大的主要原因之一。随着采矿的进行，矿石贫化的加剧也导致过早地结束放矿，致使矿石损失贫化率较大。针对这种情况，基于散体流动参数实验结果，可采用中深孔落矿、分段崩矿、阶段出矿的回采方法进行控制，即将阶段矿体按分段协同崩落，形成高端壁的放矿条件，在放矿初期先将矿石均匀缓慢放出，始终保持采场内矿石散体堆积足够高度，利用矿石散体的侧压力给不稳的边壁围岩提供足够大的侧向压力（放矿仅对出矿口附近的散体侧压力产生不利影响），消除矿岩接触带的暴露空间，当整个采场崩矿完成后进行一次大规模放矿，减小顶部矿岩接触面暴露时间，并及时进行充填。这样，利用矿石散体的支撑作用可有效控制矿石的损失与贫化率，提高矿石回采率。

3.4.4　在地表塌陷及岩移控制中的作用

根据临界散体柱作用机理及散体侧压力实验分析结果，塌陷坑内散体的主动侧压力与被动侧压力在限制边壁围岩变形及破坏发展过程中共同发挥作用，当塌陷坑内废石充填散体堆积高度满足保持目前塌陷坑边壁稳定所需的临界散体柱高度要求时，可对边壁围岩形成足够大的侧向支撑力，使地表塌陷及岩移程度保持现有的稳定状态而不再发生明显变化，这也是临界散体柱支撑理论的主要体现。

第 4 章　临界散体柱确定方法及其影响因素

4.1　临界散体柱确定方法

基于临界散体柱支撑理论，根据地表塌陷坑所在位置绘制地质剖面，如果地质勘探线穿过塌陷坑，则将勘探线作为分析剖面；如果塌陷坑没有勘探线穿过，根据实际地测结果，沿塌陷坑轴向过塌陷坑中心做地质剖面，将实测塌陷坑圈定边界及周边显著沉降边界与断裂线绘制在地质剖面图中，在剖面图中标出矿体边界、回采标高及已采区域，从上盘侧塌陷坑周边最外侧明显的断裂位置按照岩移角向开采边界画岩移线，确定出岩移线与上盘开采边界的交点，将该点以上的冒落及充填散体确定为临界散体柱（图 4.1）。

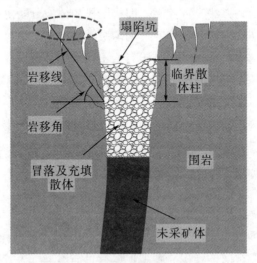

图 4.1　临界散体柱确定示意图

为了准确获得临界散体柱与地表塌陷及矿体倾角之间的作用关系，以锡林浩特萤石矿地表塌陷坑的分布为研究对象进行分析。锡林浩特萤石矿受浅孔留矿法开采的影响，在三中段水平以上形成了大规模连续的采空区，且部分采空区已经冒透地表，形成规模不等的塌陷坑，并且在四中段与五中段顶板留有厚10~14m 的顶柱，冒落及充填的废石散体堆积在四中段所留顶柱之上。经现场调研，在地表共形成 4 个不同规模与形状的塌陷坑，呈 "一" 字形沿矿体走向由副井向主井方向顺次排列。地表塌陷坑平面位置分布如图 4.2 所示。

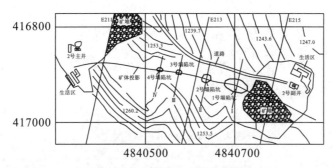

图 4.2　地表塌陷坑平面位置分布

根据地测结果，1 号塌陷坑沿走向方向长约 55m，垂直走向方向宽约35m，由于该塌陷坑距离副井较近，对竖井产生的威胁最大，已经利用废石散体进行了部分充填 [图 4.3 (a)]。2 号塌陷坑整体近似圆形，位于 1 号塌陷坑西侧约 40m，直径约 20m，该塌陷坑已经进行了充填复垦，在表面可以观测到显著的阶梯式下沉，周边可以看到明显的断裂线 [图 4.3 (b)]。3 号塌陷坑位于 2 号塌陷坑西侧约 50m，呈椭圆形，长轴约 22.5m，短轴约 16.4m，从塌陷坑边缘可观察到一中段的采场的顶板，由于塌陷坑尚未进行充填，在塌陷坑周边约 10m 范围内可以观测到明显的断裂线发育 [图 4.3 (c)]。在 3 号塌陷坑西侧约 35m 处，出现了 4 号塌陷坑，该塌陷坑表面呈长方形，长约 19m，宽约 14.5m，正计划进行充填 [图 4.3 (d)]，充填废石散体来自副井附近的废石散体堆，塌陷坑周边均设置了安全防护栏。

由于地质勘探线均穿过塌陷坑，为尽可能准确地获得临界散体柱与开采深度的实测值，对矿山技术科提供的过塌陷坑地质剖面图进行核实，将塌陷坑边界及明显的断裂线准确投影到剖面图中，并利用探测重锤测量塌陷坑内废石散体的深度，同时将矿体开采深度及回采边界投影至各塌陷坑地质剖面图，最后按照矿山设计的 65°岩移角进行圈定统计，以获得相应参数。锡林浩特萤石矿过塌陷坑地质剖面图如图 4.4 所示，锡林浩特萤石矿塌陷坑相关统计参数见表 4.1。

（a）1 号塌陷坑

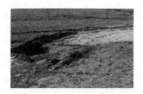
（b）2 号塌陷坑

（c）3 号塌陷坑

（d）4 号塌陷坑

图 4.3　地表塌陷坑塌落形态

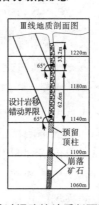
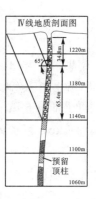

图 4.4　锡林浩特萤石矿过塌陷坑地质剖面图

表 4.1　锡林浩特萤石矿塌陷坑相关统计参数

地质剖面线	散体充填总高度（m）	矿体倾角（°）	矿体平均厚度（m）	厚跨比（%）	临界散体柱高度（m）	临界散体柱高度占散体充填总高度的百分比（%）
I	107.3	80	7.6	7.1	41.9	39.05
II	111.1	83	7.2	6.4	39.7	35.73
III	95.8	88	5.7	5.9	33.2	34.66
IV	100.2	86	6.1	6.1	34.8	34.73

　　根据表 4.1 的统计结果，锡林浩特萤石矿临界散体柱的高度与矿体倾角的变化相关，通过对现场统计数据进行分析，得到临界散体柱高度与矿体倾角的关系回归表达式：

$$H = 122.76 - 1.0072\theta \tag{4.1}$$

式中，H 为临界散体柱高度，m；θ 为矿体倾角，°。

$$R^2 = 0.9902 \tag{4.2}$$

式中，R 为公式拟合相关性系数。

　　根据上述关系式，发现矿体倾角每增大 5°，临界散体柱高度减小约 5m，验证了临界散体柱高度在趋势上随矿体倾角增大而减小的变化关系。通过式（4.1）得出，当倾角从 80°增大到 89°时，侧压力系数值增加约 20.7%，而临界散体柱高度减小约 21.2%，侧压力系数增加的百分比与临界散体柱高度降低的百分比基本一致，说明散体的侧压力系数与临界散体柱高度在变化趋势上呈线性负相关。

4.2　临界散体柱与塌陷坑散体作用关系分析

　　根据表 4.1 的统计计算结果，穿过塌陷坑的 4 个剖面上的临界散体柱高度范围为 33.2~41.9m，占散体充填总高度的 34.66%~39.05%，这部分散体高度对地表塌陷范围的影响起着关键作用；而临界散体柱下方散体可以提供足以限制围岩发生变形或者片帮的强大侧向支撑力，使边壁围岩不会发生明显的变化，且能保持类似于完整岩体的强度，这部分散体高度约占散体充填总高度的 60.95%~65.34%。研究发现，锡林浩特萤石矿临界散体柱高度约占散体充填总高度的 1/3 左右，在矿山开采中只要保证该比例关系，即可保证地表塌陷范围保持目前的稳定形态而不发生显著扩张。此外，临界散体柱的高度随着矿体倾角的增大呈现减小趋势，这一变化规律与散体侧压力变化规律实验研究成果基本一致。通过图 4.4 可以发现，从三中段底板按照采矿设计的 65°错动角圈定的岩移范围远远大于现阶段各塌陷坑周边地表的实际岩移范围，并且矿山已经开采至五中段，设计圈定的岩移范围会进一步加大，致使保安矿柱过度圈定，造成资源浪费严重。

　　一般塌陷坑散体随深部矿体开采或者预留顶柱的冒落而向下移动，移动散体的密度会有所减小，这可能导致所需的临界散体柱高度比静止散体的临界散体柱高度有所增加。例如，对于锡林浩特萤石矿塌陷坑内的移动散体，当临界散体柱高度达到 33.2~41.9m 时，同样可对边壁围岩的破坏起到有效的控制作用，原因在于当散体层厚度较大时，密度较小且移动速度较快的散体层仅为整个散体层厚度的一部分（散体侧压力实验已经证实），其余大部分散体层保持密实状态而缓慢移动，进而增加了边壁岩体稳定所需的临界散体柱高度值。锡林浩特萤石矿采用浅孔留矿法开采，中段高度40m，矿房高度26m，预留顶柱厚度14m，单次爆破高度2.5m，中段爆破结束后进行集中放矿。由于顶柱矿石层不稳固，随着暴露时间的增加及其上部散体层的压力作用，可能会发生冒落导致上覆散体随着冒落矿石的下落而涌入采空区，覆盖层下落高度 h 计算表达式如下：

$$h = H - l - L(\eta - 1) \tag{4.3}$$

式中，H 为矿房高度，m；l 为放矿结束后矿房残留矿石高度，m；L 为顶柱厚度，m；η 为碎胀系数。

　　锡林浩特萤石矿采场放矿结束后矿房残留矿石高度约1.5m，碎胀系数约1.5，将相关参数代入式（4.3）得到覆盖层下落高度为17.5m，根据放矿理论的研究成果，冒落引起的覆盖层松动体高度约为其下落高度的2.5倍，则覆盖层松动体高度约43.75m，实测锡林浩特萤石矿地表4个塌陷坑内散体的高度为95.8～111.1m，在覆盖层松动体之上存在52.10～67.35m的密实覆盖层，这部分覆盖层的密度不因顶柱冒落或放矿的进行而发生明显松动，只在其下部松动体逐渐沉实或者受爆破扰动影响过程中始终保持高密度压实状态，缓慢移动的散体柱同样能够为边壁岩体提供较大的侧向支撑力。

4.3　临界散体柱影响因素分析

4.3.1　厚跨比对临界散体柱的影响

　　临界散体柱受多种因素的影响，如矿体厚度、散体充填总高度、矿体倾角、塌陷坑边壁围岩的稳定性及散体的结拱特性等。针对不同的塌陷坑及矿岩分布条件，为了研究矿体厚度（开采后充填散体厚度）及充填体高度共同影响下的临界散体柱变化特征，研究过程中引入"厚跨比"概念，即塌陷坑所在剖面的矿体厚度与散体充填总高度的比值为厚跨比。本节以弓长岭铁矿和锡林浩特萤石矿现场实测的相关数据作为分析对象，重点研究厚跨比对临界散体柱的影响。弓长岭铁矿塌陷坑相关统计参数见表4.2。

表 4.2 弓长岭铁矿塌陷坑相关统计参数

地质剖面线	散体充填总高度（m）	矿体倾角（°）	矿体平均厚度（m）	厚跨比（%）	临界散体柱高度（m）	临界散体柱高度占散体充填总高度的百分比（%）
11	359.59	86	31.6	8.7	100.47	27.9
13	396.03	86	18.2	4.6	93.66	23.6
14	429.78	87	25.8	6.0	98.85	23.0
16	464.67	83	45.8	9.9	111.52	24.0

根据临界散体柱作用机理及散体被动侧压力实验研究成果，在控制地表塌陷及岩移发展过程中，被动侧压力发挥更为主要的作用。在急倾斜矿体，散体埋深、围岩变形量与矿体倾角 3 种因素中，矿体倾角对被动侧压力的影响最小，因此在分析中忽略矿体倾角的影响，重点分析厚跨比对临界散体柱的影响。厚跨比的大小主要由塌陷坑中散体埋深与矿体厚度两种因素决定，根据现场实测结果，厚跨比与临界散体柱高度的变化关系如图 4.5 所示。

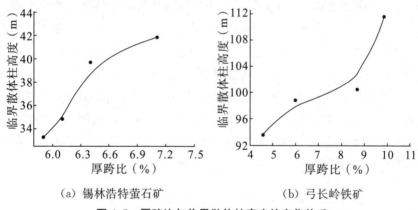

（a）锡林浩特萤石矿   （b）弓长岭铁矿

图 4.5 厚跨比与临界散体柱高度的变化关系

由图 4.5 可知，临界散体柱高度随着厚跨比的增加呈非线性增长，表明临界散体柱高度与厚跨比正相关。当矿体厚度不变时，增加塌陷坑内散体的充填高度，通过减小厚跨比可以降低临界散体柱的高度，此时对塌陷坑进行充分充填有利于边壁岩体的稳定。当散体充填总高度不变时，厚跨比主要由矿体厚度决定，矿体厚度越大，厚跨比越大，所需临界散体柱高度越大；反之亦然。其主要原因是矿体厚度的增大增加了同一水平位置散体间的应力传递距离，减小了散体间的接触面积，降低了散体的压缩刚度，散体对边壁围岩的侧向支撑力减小，进而提高了维持边壁围岩稳定所需的临界散体柱高度值。综合分析，应用临界散体柱支撑理论时，针对不同的矿体厚度，通过增加散体充填总高度来降低厚跨比，可有效控制地表塌陷及岩移的发展。

4.3.2 边壁围岩稳定性对临界散体柱的影响

由于被动侧压力在阻止边壁岩体的片落过程中发挥更主要的作用，即散体所在位置的被动侧压力越大，对边壁围岩变形的承载能力越强，所需的临界散体柱高度越小，就越有利于控制地表塌陷及岩移的发展。而围岩的稳定性一方面取决于边壁岩体的变形及破坏程度，这由岩体本身的结构力学特性决定（如结构面特征、岩体强度特性、采动影响及水文地质因素等）；另一方面取决于围岩变形与支撑散体间的相互作用关系，这主要由散体受围岩变形影响产生的被动侧压力大小决定。

位移是围岩变形的一项重要表征指标，基于散体被动侧压力实验结果，对90°与85°倾角的实验结果进行分析（表3.2与表3.3），用壁面加载位移来模拟边壁岩体的变形程度，不同埋深的散体被动侧压力随加载位移量变化关系如图4.6所示。随着加载位移量的增加，不同埋深位置的散体被动侧压力逐渐增加，当埋深达到一定程度后，散体的被动侧压力将快速增加，主要表现为3个阶段，即缓慢增长阶段、快速增长阶段与缓慢—快速增长过渡阶段。分析表明，围岩的变形可以增加所在位置散体的被动侧压力，当变形量达到一定值时，可以导致被动侧压力显著增加。对于塌陷坑内边壁岩体而言，当围岩的稳定性较好时，将不利于围岩变形的发展，塌陷坑内围岩对散体将产生较小的被动侧压力，无法为近地表岩体提供足够的侧向支撑，从而增加了维持塌陷坑边壁岩体稳定所需的临界散体柱高度；反之亦然。

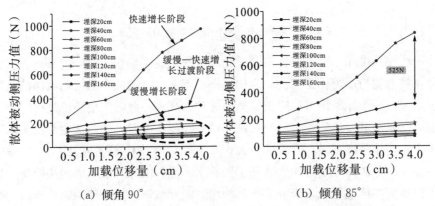

(a) 倾角 90°   (b) 倾角 85°

图 4.6 不同埋深的散体被动侧压力随加载位移量变化关系

4.3.3 散体结拱性质对临界散体柱的影响

临界散体柱有效的前提是散体能够保持连续流动，当矿岩散体粒径和级配与散体有效流动所需空间满足一定关系时，散体将出现结拱现象，即散体结拱效应。一旦充填散体发生结拱，结拱散体下部将会出现空硐，该部位原本存在对边壁围岩的侧向支撑力将卸除，这时围岩在应力与自重的作用下将会发生变形及片帮冒落，扩大空硐跨度，受采动应力及地压影响将导致其上部结拱散体快速下移，顶部临界散体柱也将随之下移，降低了临界散体柱的有效作用高度，引起地表塌陷与岩移范围的扩大。因此，应用临界散体柱支撑理论时需研究散体的结拱特性，其主要受塌陷坑宽度与充填散体粒径分布之间的作用关系影响。为研究塌陷坑宽度及充填散体粒径分布对散体结拱特性的影响，本节对散体的结拱特性进行了相似模拟实验分析。

4.3.3.1 粒径分布与级配对散体结拱特性的影响

通过图 4.3 中塌陷坑分布可以看出，塌陷坑边壁几乎直立，矿岩接触带明显且壁面较为光滑，因此实验中通常采用透明亚克力板制成的方筒来模拟近乎直立的塌陷坑，采用白云岩散体模拟流动废石。由于锡林浩特萤石矿矿体最小厚度约 4m，受矿岩接触带不稳夹层片帮影响，塌陷坑的实际分布宽度应大于矿体的最小厚度，即模拟矿体宽度条件下废石散体能够连续流动，满足现场塌陷坑分布条件下散体有效流动要求。实验中选取模型尺寸为 4cm×4cm×55cm（长×宽×高），底部散体放出口尺寸为 4cm×4cm；按照 1∶100 的相似比进行实验，散体充填后从孔底逐步放出，从模型的正面可观察内部散体的流动及结拱情况（图 4.7），在散体放出过程中称量每次放出的散体质量，并记录结拱次数、空硐大小及上部散体高度。

图 4.7 结拱实验模型

根据现场废石块体的粒径分布范围，研究中分别对 $10.0\text{mm}<d\leqslant$ 13.0mm、$8.0\text{mm}<d\leqslant10.0\text{mm}$、$7.0\text{mm}<d\leqslant8.0\text{mm}$、$6.0\text{mm}<d\leqslant7.0\text{mm}$、$5.0\text{mm}<d\leqslant6.0\text{mm}$、$2.0\text{mm}<d\leqslant5.0\text{mm}$ 六种散体颗粒进行结拱实验（d 为粒径，按照 $1:100$ 的相似比进行实验），实验中根据不同粒径分布的结拱现象得出临界粒径范围，不同粒径分布的结拱情况见表4.3。

表 4.3　不同粒径分布的结拱情况

粒径	塌陷坑宽度（cm）	结拱现象	结拱高度（cm）	二次结拱高度（cm）
$10.0\text{mm}<d\leqslant13.0\text{mm}$		明显	38	32
$8.0\text{mm}<d\leqslant10.0\text{mm}$		明显	25	21
$7.0\text{mm}<d\leqslant8.0\text{mm}$	4	明显	18	10
$6.0\text{mm}<d\leqslant7.0\text{mm}$		有短暂的结拱情况	12	6
$5.0\text{mm}<d\leqslant6.0\text{mm}$		无结拱	无	无
$2.0\text{mm}<d\leqslant5.0\text{mm}$		无结拱	无	无

在不同粒径分布的结拱实验中，结拱主要发生的粒径为 $5.0\sim6.0\text{mm}$ 与 $6.0\sim7.0\text{mm}$，因此该粒径范围即为出现结拱的临界粒径范围。其中，粒径为 $6.0\sim7.0\text{mm}$ 的散体结拱情况及数据如图4.8及表4.4所示，实验中共出现了4次明显的结拱现象，结拱散体堆积高度呈现先大后小的过渡发展特征。

图 4.8　散体结拱情况（粒径为 6.0~7.0mm）

表 4.4　散体结拱数据（粒径为 6.0~7.0mm）

观测序号	单次流出量（kg）	累积流出量（kg）	实验结拱过程	形成空硐高度（cm）
1	0.290	0.290	出现结拱，结拱点距离底部出口高 22cm，结拱散体堆积高度 18cm	2.4
2	0.104	0.394	出现结拱，下部散体下降到 14cm 时，上部结拱散体落下	10.3
3	0.088	0.482	拱保持稳定，结拱点距离底部出口高 17cm，结拱散体堆积高度 3cm	3.7
4	0.262	0.744	出现结拱，下部散体全部流出，上部结拱散体未动，上部散体高 3cm	19.5
5	0.000	0.744	试验结束	19.5

　　根据上述分析结果，继续研究临界粒径范围内的临界级配值，对 5.0~6.0mm 和 6.0~7.0mm 粒径以混合配比方式进行结拱实验研究，实验共分为 4 组，散体级配分别为 9∶1、8∶2、7∶3 与 6∶4 ［粒径（6.0~7.0mm）∶粒径（5.0~6.0mm）］。其中，级配为 9∶1 的散体结拱情况见表 4.5。研究发现，该级配下散体结拱比较稳固，整个流动过程中，散体拱都没有发生松动下流现象，最终散体流出量约为散体总量的 66.8%。

表 4.5　级配为 9∶1 的散体结拱情况

观测序号	单次流出量（kg）	累积流出量（kg）	实验结拱过程	形成空区高度（cm）
1	0.110	0.110	流动过程比较流畅	0.0
2	0.120	0.230	出现结拱，结拱点距离底部出口高 23cm，结拱散体堆积高度 7cm	3.5
3	0.126	0.356	拱保持稳定，下部散体继续流动	10.1
4	0.128	0.484	拱保持稳定，下部散体继续流动	16.6
5	0.042	0.526	拱继续保持稳定，下部散体流动结束	23.0

　　进行散体级配结拱实验，目的在于找出散体结拱的临界级配值，不同级配的散体结拱情况见表 4.6，粒径为 6.0~7.0mm 与 5.0~6.0mm 的有效流动跨径比随散体级配的变化关系如图 4.9 所示。

表 4.6　不同级配的散体结拱情况

序号	级配关系〔粒径（6.0~7.0mm）：粒径（5.0~6.0mm）〕	结拱现象	结拱高度（cm）	有效流动跨径比
1	9：1	明显	22.0	1.46
2	8：2	明显	18.5	2.24
3	7：3	无结拱	—	9.58
4	6：4	无结拱	—	13.75

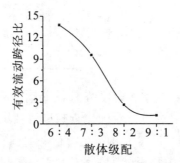

图 4.9　粒径为 6.0~7.0mm 与 5.0~6.0mm 的有效流动
跨径比随散体级配的变化关系

有效流动跨径比指散体结拱时有效流动高度与模拟塌陷坑宽度的比值，在研究中也称为粒径结拱级配权重，该权重值可以评估散体在井筒内的顺利流动程度，值越大表明散体的有效流动性越好，而值越小则表明散体的有效流动性越差，也就是说越容易出现结拱情况，通过分析该权重值的结拱试验数据最终确定出临界级配值。由图 4.9 可知，散体级配权重在级配 7：3 与 8：2 之间发生了明显的变化，下降幅度非常大，在级配 8：2 下发生了结拱，而在级配 7：3 下虽然有效流动跨径比有所降低（相对于级配 6：4），但并没有出现稳定的结拱现象，说明在该级配下散体只是流动性有所降低。研究表明，当塌陷坑宽度不大于 4m 时，充填散体出现结拱的临界粒径范围为 0.5~0.7m，该粒径范围内的临界级配值为 7：3~8：2。

4.3.3.2　塌陷坑宽度对散体结拱特性的影响

该组实验主要是根据矿山实际的废石散体粒度分布，研究不同塌陷坑宽度下的散体结拱特性，实验散体级配参照表 3.1，使高 55cm 的散体矿岩流从有机玻璃柱底部出口均匀放出，观察结拱现象。模拟塌陷坑尺寸为：高 55cm，宽度分别为 2.5cm、3.0cm、3.5cm、4.0cm。模拟散体的选取受现实条件的制约，不能完全吻合实际散体块度值，研究重点在于该配比下不同塌陷坑宽度的散体结拱情况，从而不会影响实验结果的有效性。实验中记录散体放出量及出现结拱的次数。不同塌陷坑宽度的散体结拱情况见表 4.7，而塌陷坑宽度为 3.5cm 的散体结拱情况见表 4.8。

表 4.7　不同塌陷坑宽度的散体结拱情况

序号	宽度（cm）	结拱现象	详细情况
1	2.5	明显	散体流动过程中，其上部结拱稳定
2	3.0	明显	散体流动过程中，出现反复结拱情况
3	3.5	有点柱形成	初始散体流动不顺畅，出现短暂的点柱，顺着下部散体流出，点柱消失，整体流动性较好
4	4.0	无结拱	散体流动顺畅

表 4.8　塌陷坑宽度为 3.5cm 的散体结拱情况

观测序号	单次流出量（kg）	累积流出量（kg）	实验现象
1	0.121	0.121	流动过程比较流畅
2	0.117	0.238	有滞后流动现象发生，顶部散体形成点柱
3	0.154	0.392	点柱散体开始冒落
4	0.253	0.645	随着下部散体放出，点柱散体大部分已经冒落下来，留有零星点柱
5	0.148	0.793	散体流动顺利，点柱消失
6	0.094	0.887	散体流动顺利
7	0.137	1.024	散体流动顺利
8	0.218	1.242	试验结束

由表 4.8 中数据可知，在现场废石散体配比条件下，当模拟塌陷坑宽度为 3.5cm 时，有短暂的点柱形成，随着散体继续放出，点柱慢慢消失，后续散体流动过程顺利，说明该宽度即为临界宽度。根据实验统计数据得到模拟塌陷坑宽度与散体结拱概率的关系如图 4.10 所示，当模拟塌陷坑宽度达到 4.0cm 时，结拱概率基本为 0%。

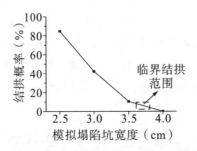

图 4.10　模拟塌陷坑宽度与散体结拱概率的关系

4.3.3.3　实验结果分析

基于散体结拱实验研究结果，当塌陷坑宽度为最小宽度 4m 时，不同粒径分布条件下散体结拱的临界粒径范围等效于现场废石块度 0.5～0.7m，而临界粒径之间的散体结拱的临界级配值为 7∶3～8∶2，该参数值可用于指导现场充填散体的混合配比。同时，研究得出按照现场废石散体粒度进行配比的充填散体的临界结拱塌陷坑宽度为 3.5～4.0m，当塌陷坑宽度大于 4m 时，按照现场废石散体进行充填，不会出现结拱情况，可保障临界散体柱的有效作用高度。

针对锡林浩特萤石矿的矿岩条件及开采现状，目前存在的 4 个塌陷坑均未被完全充填，在矿体厚度一定的条件下，可以通过充填废石散体来减小厚跨比，降低临界散体柱有效作用所需高度；同时，矿岩接触带为不稳固的蚀变闪长岩，矿体开采后塌陷坑边帮围岩经暴露会发生变形，有利于增加坑内散体的被动侧压力，增强边壁岩体的侧向支撑作用。经现场实测，目前存在的 4 个塌陷坑的最小宽度约为 14.5m，远远大于废石散体有效流动所需的最小宽度值，因此废石充填散体在每个塌陷坑中都能够保持连续流动状态，不会受到散体结拱因素的不利影响。综合分析，临界散体柱支撑理论可以在锡林浩特萤石矿开采中取得良好的应用。

第5章 竖井保安矿柱优化与稳固方法研究

竖井保安矿柱圈定问题一直是地下矿山开采中面临的主要问题，一般在矿山基建初期就要设计规划好保安矿柱的圈定范围。合理的保安矿柱尺寸应满足两个条件：①能够有效确保需要保护对象的安全；②圈入矿柱内的矿产资源量最小。而在实际开采中，保安矿柱的圈定往往存在一些问题：其一，圈定范围过大，目前我国大部分金属及非金属矿山主要采用岩移角进行圈定，随着采矿的延深，发现可采矿量越来越少，导致大量的待采矿量位于保安矿柱内而成为永久损失，对矿山的开采效益与可持续发展都造成了严重影响；其二，为了追求更高的经济效益，对于保安矿柱内的矿体进行开采破坏，特别是应用空场法与崩落法进行采矿时，导致地表塌陷范围及岩移发展不断扩大，危及地表构筑物与竖井运行的安全；其三，保安矿柱圈定范围过小，近竖井侧的矿体开采导致采动应力不断增大，引起围岩变形向竖井方向发展，从而引发竖井发生变形甚至破坏，轻则造成矿山停产整修，重则造成人员重大伤亡。前两种问题普遍存在于锡林浩特萤石矿开采中，因此从人员生命安全、矿山可持续发展与提高开采效益的角度出发，研发更加适合急倾斜中厚矿体开采条件下的合理的保安矿柱优化方法尤为重要。

5.1 保安矿柱优化思想

根据临界散体柱支撑理论与散体侧压力实验研究成果，满足在临界散体柱高度要求下，坑内散体在移动过程中对边壁围岩的侧压力仅在底部一定范围内产生不利影响，特别在深部矿体开采中，塌陷坑底距开采底板（或者顶柱底板）的高度一般不小于100m。例如，锡林浩特萤石矿1号塌陷坑充填后距离预留顶柱的高度值约120m，而临界散体柱高度计算值为41.9m，约为整个高度值的1/3，只要保持临界散体柱高度不下移，其下部约2/3的坑内散体就可有效阻止边壁围岩片帮与变形，从而控制地表塌陷与岩移的扩展。

临界散体柱支撑理论明确指出了塌陷坑内散体对边壁围岩的支撑作用及散体堆积高度对地表塌陷范围的影响关系，任凤玉等深入分析了塌落角与临界散体柱位置深度间的作用关系（图 5.1）。当塌陷坑内散体堆积高度满足临界散体柱高度时，根据图 5.1 可分析得出塌落角与临界散体柱位置深度间的关系表达式：

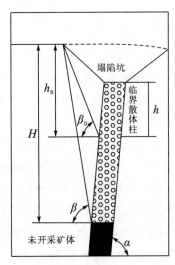

图 5.1 塌落角与临界散体柱位置深度间的作用关系

$$\beta = \arctan\left(\frac{H}{h_0(\cot\alpha + \cot\beta_0) - H\cot\alpha}\right) \tag{5.1}$$

式中，β 为上盘塌落角，°；α 为矿体上盘壁面倾角，°；β_0 为岩移角，°；H 为开采深度，m；h_0 为临界散体柱位置深度，m。

根据式（5.1），临界散体柱高度小于等于临界散体柱位置深度，即临界位置深度内充填散体所达到的散体柱高度一定满足临界散体柱高度要求。当临界散体柱位置深度一定时，塌落角与开采深度负相关；当开采深度一定时，塌落角与临界散体柱位置深度负相关，说明塌陷坑存在深度越小，塌落角越大。如果向塌陷坑充填散体，使临界散体柱上移，以此减小临界散体柱位置深度，可有效增大塌落角。另外，塌陷坑散体的存在改变了边壁围岩的应力状态，增强了围岩自身承载能力，有利于保障地表塌陷区边界岩体的稳定性。

塌陷坑边壁围岩的变形受到限制正是由于临界散体柱的存在，可能发生片落或变形的边壁岩体只是位于临界散体柱下方近出矿口区域内的部分岩体，只要保持塌陷坑内临界散体柱高度不变，塌陷坑边壁岩体片落与岩移必将受到限制。而目前常用的保安矿柱圈定方法忽略了塌陷坑内散体的支撑作用，这往往导致过大的保安矿柱圈定范围。因此，保安矿柱合理尺寸的选择需充分考虑散体的塌落角与临界散体柱的作用关系，由两者共同确定出合理的保安矿柱优化方法。

5.2 塌落角确定方法

应用临界散体柱支撑理论优化竖井保安矿柱时，塌落角作为一个重要参数，对竖井保安矿柱优化具有重要影响。塌落角的确定主要分为沿矿体走向与垂直矿体走向，如果地表不存在塌陷坑，塌落角一般按照比岩移角大 5°左右进行确定；针对地表已形成塌陷坑或明显沉降区域的情况，塌落角可以通过现场实测得出。目前，锡林浩特萤石矿在地表共形成 4 个不同规模的塌陷坑，呈"一"字形沿矿体走向由副井向主井方向排列。

根据现场实测结果，1 号塌陷坑长约 55m、宽约 35m，已经利用废石散体进行了部分充填。该塌陷坑距副井较近，对竖井产生的威胁最大。在塌落角的确定过程中，将重点计算分析 1 号塌陷坑的塌落角，为后续保安矿柱优化提供依据。对地下矿山开采形成的塌陷坑进行塌落角测定时，主要方法为沿勘探线方向（垂直矿体走向）结合地质剖面图进行测定，或采用式（5.1）计算确定。在此基础上，给出了沿矿体走向与垂直矿体走向的近竖井塌落角确定方法，以获得更加准确的塌落角。

由于开采中在四中段顶板预留了 10~14m 的顶柱支撑顶部冒落及片帮散体，因此，对沿矿体走向片帮冒落散体位置的调查主要集中在三中段。经现场观测，在三中段垂直投影位于 1 号塌陷坑边缘的穿脉巷道部分已被冒落散体封堵（图 5.2）。其中，近副井一侧的 1~6 号穿脉巷中观测到封堵散体堆坡面较陡，没有第四系黄土出露，且个别穿脉巷可以观测到空区；7~19 号穿脉巷发现封堵散体堆坡面明显变缓且有第四系黄土及冒落大块初露。部分穿脉巷封堵散体堆分布情况如图 5.3 所示。

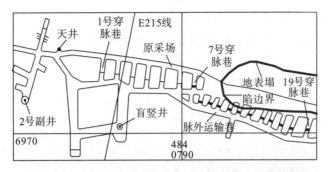

图 5.2 巷道被散体封堵部位与地表塌陷边界投影图

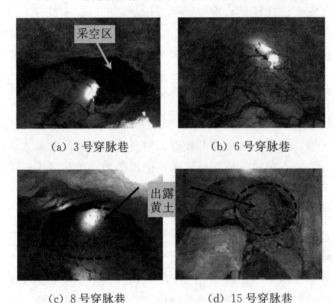

(a) 3 号穿脉巷 (b) 6 号穿脉巷

(c) 8 号穿脉巷 (d) 15 号穿脉巷

图 5.3 部分穿脉巷封堵散体堆分布情况

根据现场调查结果，三中段的 1~6 号穿脉巷所在位置的采空区顶板岩层并未塌落，近地表第四系土层及废石散体经 1 号塌陷坑塌落至三中段的 7 号穿脉巷，表明三中段的塌落边界位于 7 号穿脉巷附近。

根据上述分析，在三中段水平，沿矿体走向塌落边界距副井约 86m，距盲竖井约 36m。结合地表 1 号塌陷坑的实测塌陷范围及三中段水平所测冒落散体塌落边界及覆盖层散体的塌落特性，得出 1 号塌陷坑沿矿体走向分布如图 5.4 所示，利用作图法得到 1 号塌陷坑沿矿体走向的塌落角约 85°。1 号塌陷坑垂直矿体走向分布如图 5.5 所示，通过从地表塌陷坑周边位于矿体、上盘围岩、下盘围岩最外侧的断裂线分别向三中段底板矿界接触面划线，确定塌陷坑在垂直矿体走向的上盘侧塌落角为 84°，下盘侧塌落角为 82°。1 号塌陷坑所在位置的矿体倾角约 80°，岩移角为 65°，开采深度为地表到三中段底边的高度，约 112m，临界散体柱的位置深度约 53.5m，根据式（5.1）计算得出上盘侧塌落角为：

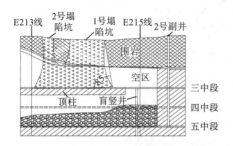

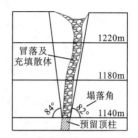

图 5.4　1 号塌陷坑沿矿体走向分布　　图 5.5　1 号塌陷坑垂直矿体走向分布

$$\beta = \arctan\left(\frac{H}{h_0\left(\cot\alpha + \cot\beta_0\right) - H\cot\alpha}\right)$$

$$= \arctan\left(\frac{112}{53.5 \times \left(\cot80° + \cot65°\right) - 112 \times \cot80°}\right) \approx 84.5°$$

利用式（5.1）计算得到的上盘塌落角与现场实测值基本一致，进一步验证了结果的准确性。

5.3　保安矿柱优化方法

5.3.1　原保安矿柱圈定存在问题分析

目前，采区的两条竖井均在矿体开采的移动范围内，为了保障竖井的安全，矿山在开采初期按设计留下保安矿柱。保安矿柱的圈定方法为：以地表竖井井口为中心，按照一级竖井保护级别（距竖井中心 20m 的安全距离），从保护区外边界自上向下按岩移角向深部圈定锥形保护区，保护区内的矿岩体用于保护竖井稳定性（保安矿柱），这也是大部分地下矿山开采中使用的圈定方法。

第四系土层的岩移角设计取 45°，其下岩层的岩移角取 65°。按此岩移角，从地表距离井筒 20m 安全距离边界位置开始，首先按 45°岩移角围绕竖井向下划线，至第四系土层与矿岩接触面位置，再按 65°岩移角向下圈定，直到矿体的最终开采深度，由此柱圈定的保安矿柱范围如图 5.6 所示。按照 65°岩移角圈定的保安矿柱以竖井为中心呈锥形向下延伸，随着开采深度的增加，圈定范围越来越大。根据该圈定方法进行估算，当进入深部开采延深至十一中段时，矿体几乎全部位于两竖井的保安矿柱范围内（图5.7），可采矿量所剩无几，竖井压矿达上百万吨，这将给矿山带来巨大的经济损失。

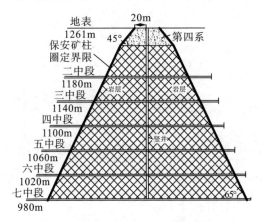

图 5.6　按 65°岩移角圈定的保安矿柱范围

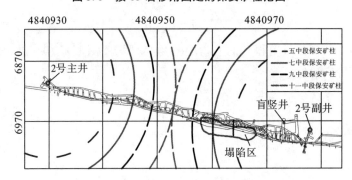

图 5.7　深部矿体各中段保安矿柱圈定范围

5.3.2　保安矿柱具体优化方法

针对工程地质及矿岩赋存条件，研究应用临界散体柱支撑理论对竖井保安矿柱进行优化，确定出更加合理的保安矿柱范围，及时释放矿柱矿量，减少深部开采带来的不必要的资源损失。根据塌落角确定结果，1号塌陷坑沿矿体走向的塌落角可取 85°，沿垂直矿体走向的塌落角可取 82°。考虑到井筒位置与矿体的关系和生产安全需要，确定按 82°的塌落角来优化保安矿柱，近竖井侧矿体倾角约 84°，四中段预留顶柱到地表的高度为 121m，岩移角为 65°。根据塌落角与临界散体柱位置深度的关系表达式计算得到近竖井侧临界散体柱的位置深度为：

$$h_0 = H \cdot \frac{1 + \cot\alpha \cdot \tan\beta}{\tan\beta \cdot (\cot\beta_0 + \cot\alpha)} = 121 \times \frac{1 + \cot84° \times \tan82°}{\tan82° \times (\cot65° + \cot84°)} \approx 57.2\text{m}$$

　　由于临界散体柱高度小于或等于临界散体柱位置深度，即临界深度内充满散体后所达到的散体柱高度一定满足临界散体柱高度要求，因此采用临界散体柱位置深度值作为临界散体柱高度来优化保安矿柱更加可靠。近地表岩层受地质与环境条件的影响，其稳定性往往较深部原生岩体有所降低，导致地表岩移范围会相应增加，从安全角度考虑，将临界散体柱的高度乘以 1.3，以此安全系数作为初始设计值，将根据现场应用情况进行调整，最终确定出临界散体柱的高度为 75m。临界散体柱下部散体提供的侧压力足以使所在位置的边壁围岩保持高强度的自稳状态，因此，按照塌落角从地表竖井保护边界向下延深至满足临界散体柱高度后，即可有效控制岩移的发展。

　　具体优化方法为：在确保临界散体柱位置高度不发生变化的前提下，按照一级竖井保护级别（距竖井中心 20m 的安全距离），从地表保护区边界按照 82°塌落角向下延深圈定一定范围的锥形区域，当达到临界散体柱高度要求后（75m），按照柱形垂直向下延深圈定一定范围的柱形区域，两个区域内的矿岩体即为新优化的保安矿柱范围（图 5.8）。在二中段以下，保安矿柱按照柱形向下延深，以竖井为中心，半径为 32m。

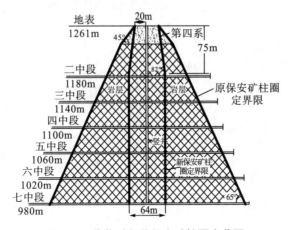

图 5.8　优化后竖井保安矿柱圈定范围

5.3.3　优化后保安矿柱矿量释放

　　以竖井为中心，按照优化后保安矿柱对竖井进行圈定，在副井一侧有长 67m 的矿体进入保安矿柱圈定界限内[图 5.9（a）]，通过 D 线作剖面图，得出副井、矿体及保安矿柱三者之间的位置关系［图 5.9（b）］，发现近副井一侧矿体随着延深发展基本位于新优化保安矿柱圈定范围内，该部分矿体在井筒保护期内不能开采。在主井一侧有长约 45m 的矿体进入保安矿柱圈定界限内 [图 5.10（a）]，通过 E 线作剖面图，得出主井、矿体及保安矿柱三者之间的位置关系 [图 5.10（b）]，发现近主井一侧矿体随着延深发展也同样位于新优化保安矿柱圈定范围内。

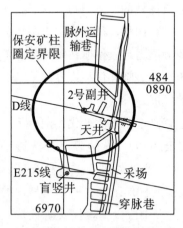
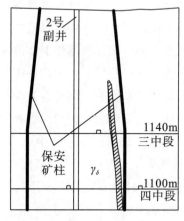

（a）副井保安矿柱水平投影图　　（b）D 线纵投影图

图 5.9　副井保安矿柱与矿体位置关系

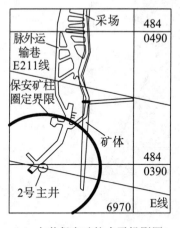
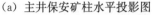
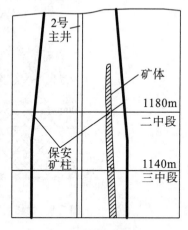

（a）主井保安矿柱水平投影图　　（b）E 线纵投影图

图 5.10　主井保安矿柱与矿体位置关系

利用作图法获得沿矿体走向方向穿过矿体的剖面图，再将优化后的保安矿柱投影到该剖面图中，得到目前井下开采现状、井下空区分布与圈定保安矿柱的位置关系 [图 5.11]，其中位于各中段保安矿柱范围外的原所留矿柱均可以进行回采。

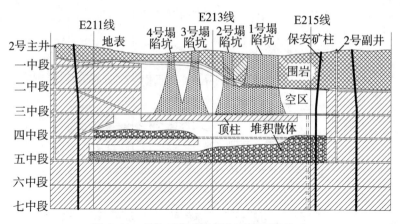

图 5.11　优化后保安矿柱与开采现状关系

根据图 5.11，在近 2 号主井一侧二中段约有长 80m 的矿体可以回采，三中段约有长 100m 的矿体可以回采，四中段约有长 40m 的矿体可以回采，五中段约有长 15m 的矿体可以回采，采场中一个中段采出矿石的高度值为 30m，萤石密度取 3.18g/cm³，矿体的垂直厚度取 6.0m，按照式（5.2）进行计算。按照优化后的保安矿柱进行圈定后，可多回收矿柱矿量约 13.5 万吨，经济效益显著。

$$M_{萤石} = V_{萤石} \cdot \rho_{萤石} \tag{5.2}$$

式中，$M_{萤石}$ 为萤石质量，kg；$V_{萤石}$ 为萤石体积，m³；$\rho_{萤石}$ 为萤石密度，取 3.18g/cm³。

$$
\begin{aligned}
M_{萤石} &= (80 + 100 + 40 + 15) \times 30 \times 6 \times 3.18 \times 10^3 \\
&= 1.35 \times 10^8 \text{kg}
\end{aligned}
$$

5.3.4　开采现状对优化后保安矿柱影响分析

通过图 5.11 可以看出，在圈定的保安矿柱界限内，主井一侧各中段优化后保安矿柱圈定范围内的矿体均未被开采，只要保证所留保安矿柱不被扰动破坏，就能够确保主井安全运行。副井一侧保安矿柱遭受了开采破坏，三、四、五中段保安矿柱被回采破坏范围如图 5.12～图 5.14 所示。研究发现，随着开采的延伸，各中段保安矿柱的破坏角变化范围为 15°～17°，这将对竖井的稳固性构成威胁。

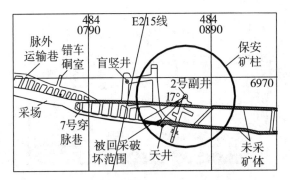

图 5.12　三中段保安矿柱被回采破坏范围

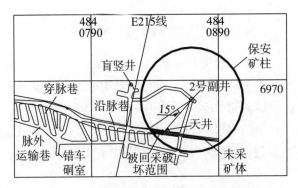

图 5.13　四中段保安矿柱被回采破坏范围

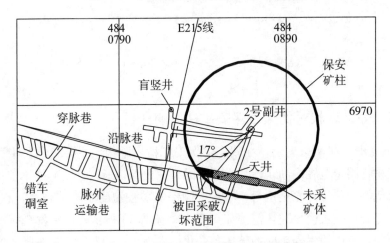

图 5.14　五中段保安矿柱被回采破坏范围

5.4　竖井稳固方法

根据矿山开采现状，保安矿柱被采动破坏部分与井下存留的大规模采空区相互连通，而采用常规的竖井加固方法很难限制空区边壁围岩变形及破坏朝向竖井方向发展。若对近竖井侧破坏区域进行充填，无论是尾砂充填体还是废石充填体，在近空区一侧均无法获得有效的被动侧压力对侧壁形成有效的支撑。而根据临界散体柱支撑理论与散体侧压力实验研究结果，正是充填体的被动侧压力对边壁围岩变形起到了主要的限制作用，这成为竖井保护的技术难点。基于此，在综合评估矿柱内矿体开采破坏对竖井稳固性影响的前提下，在考虑采空区存在的危害及其对竖井稳固性影响的情况下，研究提出了采空区治理与竖井保安矿柱加固协同的竖井稳固方法。

5.4.1　保安矿柱开采破坏对竖井稳固性影响的数值模拟分析

保安矿柱内矿体被部分开采破坏后，对竖井稳固性造成影响的程度需进行验证分析。由于被开采破坏的矿体位于保安矿柱圈定边界内 5～7m，因此数值模拟设计矿体开挖位置与竖井井口的距离取为保安矿柱的半径（32m），若该位置矿体开采后对竖井构成威胁，也说明矿柱被开采破坏部分对竖井稳固性会构成影响。

5.4.1.1　数值模型构建

在本书研究中，选择同时穿过 2 号副井与矿体的 D 线地质剖面作为数值模拟分析的模型，并根据副井、矿体和保安矿柱的实际位置关系建立模型，通过开挖选定位置的矿体对空区附近及副井周围岩体的应力与位移进行分析，以此评估副井受采动影响的破坏风险。

模型将保安矿柱作为空间问题进行考虑，破坏准则采用 Mohr－Coulomb 屈服准则，考虑模型的边界效应，在模拟过程中根据圣维南原理，岩体的开挖只在一定范围内产生明显影响，在距离采空区较远的地方，其影响可以忽略。模型具有足够大的尺寸，根据现场实际情况，整体模型尺寸为 300m×200m× 400m（长×宽×高）；矿体位于模型中部，尺寸为 60m×6m×120m（长×宽×高，每个中段 40m）；竖井直径 4m，竖井与矿体开挖距离 32m。模型中垂直方向的应力基本等于覆盖岩层自重，并随着深度的增加而逐渐增大，其增率与各分层岩体重度成正比。模型左侧和右侧边界约束水平方向的位移；前、后两边界约束 z 方向的位移；底部约束垂直、水平及 z 三个方向的位移，FLAC 3D 数值分析模型如图 5.15 所示。

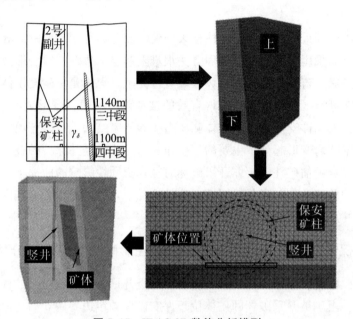

图 5.15　FLAC 3D 数值分析模型

模型由 266920 个单元与 43458 个节点构成，针对各中段的开采情况进行建模与开挖。其中，二中段在近副井位置顶板为覆盖岩层，没有矿体初露。因此，为了获得保安矿柱开采破坏对竖井稳固性的影响情况，主要针对已经开采形成空区的三、四、五中段进行开挖数值模拟分析。围岩和矿体的岩体力学参数见表 5.1。

表 5.1　围岩和矿体的岩体力学参数

岩性	抗压强度（MPa）	抗拉强度（MPa）	泊松比	内摩擦角（°）	黏聚力（MPa）	剪切模量（GPa）	体积模量（GPa）
矿体	14.67	0.084	0.28	38.56	1.35	1.45	2.81
上盘围岩	25.49	0.149	0.27	46.13	1.76	3.86	7.10
下盘围岩	23.88	0.115	0.27	45.89	1.77	3.58	6.59

5.4.1.2　数值计算结果与分析

当三、四、五中段保安矿柱范围内矿体分别开挖后，应力及位移分布如

图 5.16所示。可以看出，位于保安矿柱内的 3 个中段矿体开挖后，使得空区四周出现很高的应力集中现象，而副井附近的最大主应力也持续升高，最大主应力达 3.0MPa，最小主应力达 1.25MPa。其中，五中段开挖区域所在位置的空区底板应力集中区最强烈，最大主应力达 4.0MPa，最小主应力达 1.5MPa。同时，最大剪应力出现在五中段空区底板部位，最大剪应力达 1.5MPa。位于三中段竖井周围的最大剪应力也达到 1.0MPa，超过了围岩的极限抗拉强度，这表明已经发生剪切变形。根据位移分析结果，3 个中段的矿体开采后，位于三中段与四中段之间的空区周围产生的位移最大，最大值达 9.0cm，最大位移值已经扩展至位于三中段水平的竖井周围，最大值达 8.0cm，数值模拟中竖井与开挖矿体的距离为优化后竖井保安矿柱的半径，这表明当竖井保安矿柱范围内矿体被开采破坏后，竖井将会发生变形破坏。

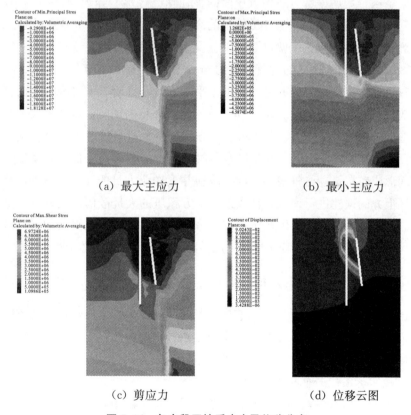

　　　（a）最大主应力　　　　　　　　　（b）最小主应力

　　　（c）剪应力　　　　　　　　　　　（d）位移云图

图 5.16　各中段开挖后应力及位移分布

　　由于在现实开采中，竖井保安矿柱内的矿体仅被部分开采破坏，同时，在五中段开采破坏的保安矿柱范围内还存留有一定高度的未被放出的矿石及片帮废石散体，该部分散体可以对边帮围岩产生一定的支撑作用。综合以上两方面因素，目前竖井的稳固性没有达到数值模拟分析得出的威胁程度，不过基于数值结果，如果被开采破坏的保安矿柱不及时采取加强稳固措施，竖井的安全运行条件必将受到威胁，而保安矿柱的加强主要是对破坏部位处空区进行充填治理，利用散体的侧向支撑力来保障保安矿柱的稳定性，达到保护竖井的作用。

5.4.2 采空区治理方法

5.4.2.1 采空区赋存状态及危害分析

目前，井下部分采空区已经塌透地表，沿矿体走向方向形成了规模不等的塌陷坑，四中段 1~7 号穿脉巷均被废石散体封堵，从 7~22 号穿脉巷可以观测到采空区，说明该部分所留五中段的顶柱均已塌落。经观测，7~22 号穿脉巷之间的四中段水平到采空区散体堆的高度为 8~15m，1~7 号穿脉巷封堵的原因为顶柱塌落，且为上盘围岩、下盘围岩片帮冒落所致，现场观测采空区宽度为 8~12m。由于矿体的垂直厚度约 6m，说明采空区边壁上盘围岩、下盘围岩的片落厚度为 2~6m，并部分充填了采空区。一方面，采空区的存在容易引起地表发生大规模沉陷，在破坏地表草原生态环境的同时，对地表人员及工业设施造成威胁；另一方面，由于顶柱上方积压了大量来自地表的充填及冒落散体，顶柱的承载能力会随着采空区暴露时间的增加而逐渐降低，有发生大规模冒落而形成矿震及冲击气浪的风险，威胁井下作业人员的安全。另外，及时对采空区上方的顶柱进行崩落，释放顶板上方积压的大量散体，或者对采空区进行尾砂充填，利用崩落散体及尾砂充填体来充填保安矿柱范围内的采空区，可有效保障副井保安矿柱的稳定性，更加突出了采空区治理的必要性。

5.4.2.2 采空区治理方法初选

由于二中段早已回采完毕，巷道经长时间暴露大部分已经被破坏封堵，无法进入巷道观测空区情况，基于此本节主要针对四中段与五中段存在的大规模采空区进行治理，研究提出以下 3 种采空区治理方法：

（1）崩落顶柱+地表废石充填法。

将四中段与五中段的顶柱进行崩落，目前位于四中段的顶柱能够支撑柱上覆散体层。五中段顶柱厚约 10m，如先崩落四中段顶柱，一旦上覆散体大规模垮落，很可能将五中段顶柱一并压垮，大规模的冒落活动将对井下作业人员及设备产生威胁，同时增加崩落矿石的贫化率，为回收矿石带来困难，因此崩落顺序为先崩落五中段顶柱，后崩落四中段顶柱，这样有利于回收顶柱残留矿石。顶柱处理完成后，上部原积压的大量充填及冒落散体随着崩落的矿石（顶柱）向下移动，充填位于四中段与五中段的采空区（图 5.17）。

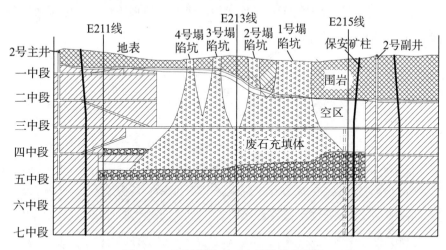

图 5.17　顶柱崩落后采空区充填效果图

（2）全尾砂充填法。

二采区深部矿体设计采用充填法开采，充填站正在建设中，建设完成后，将充填管道由 2 号副井下放至三中段与四中段水平，对四中段与五中段的采空区进行全尾砂充填。通过从穿脉巷打一充填斜井通达采空区，将充填管道下放至采空区对采场进行充填，充填顺序同样为先充填五中段采空区，后充填四中段采空区，采空区全尾砂充填效果如图 5.18 所示。

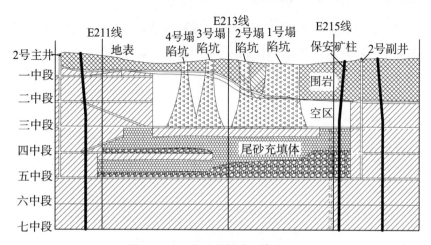

图 5.18　采空区全尾砂充填效果图

（3）崩落部分顶柱＋全尾砂充填法。

将1号塌陷坑内覆盖散体层下方的四中段顶柱顺次崩落，按照45°的散体坡面角向下延伸（散体坡面角为现场实测得到），由此确定五中段顶柱需要崩落的范围。随着崩落散体的下移，地表同步废石充填塌陷坑，散体沉实后，采用尾砂充填剩余采空区（图5.19）。

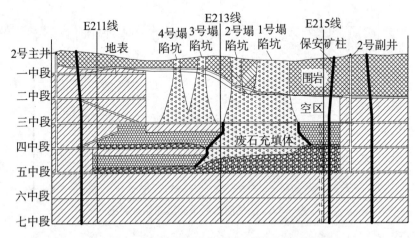

图 5.19　采空区崩落与全尾砂充填相结合效果图

上述采空区治理方法均可有效解决采空区顶板积压大量冒落散体可能诱发冲击气浪危害的问题，有利于保障副井保安矿柱的稳定性，需对采空区治理方法进行综合分析，选出最佳方案。

5.4.2.3　采空区治理方法模糊优选

采空区治理方法优选可看作是多阶段多目标的决策问题，根据采空区存在状态与开采经济技术条件，采用多目标决策问题的模糊数学优选模型，对定性因素与定量指标同时进行分析，将决策领域中的目标在模糊环境下排序优化选择。

（1）模糊优选模型构建。

假定需考虑的目标数为 M，拟定的可行方案数为 N，由 N 个决策方案组成的方案集为 $\boldsymbol{A}=(\boldsymbol{A}_1,\boldsymbol{A}_2,\boldsymbol{A}_3,\boldsymbol{A}_4,\cdots,\boldsymbol{A}_N)$，其决策矩阵可表示为 $\boldsymbol{Y}=(Y_{ij})_{M\times N}$，其中 Y_{ij} 是方案 j（$j=1,2,\cdots,N$）的第 i（$i=1,2,\cdots,M$）个目标值。为了增加目标可比性，需要对目标值进行归一化处理。

采空区治理方法优选的主要影响因素集合中包含定量目标数和定性目标数，针对定量目标须对其进行无量纲化，并求其 [0，1] 区间的评价因素隶属度；而定性目标则按 9 级标准进行评判计算权重，按隶属函数一个模糊集获得其隶属度量值。根据影响因素分层结构模型，采用层次分析法，通过对各目标因素的重要性进行评价，获得影响因素隶属度模糊判断矩阵，确定各影响因素对决策方案层 A 的总排序权重矩阵。通过对定性变量赋值和对定量变量进行相对隶属度转化，建立各决策采矿方法影响因素隶属度模糊判断矩阵，采用复合加权平均模型 M（·，＋）对方案集 A 进行隶属度复合运算，如下：

$$A = W \cdot R \qquad\qquad (5.3)$$

式中，A 为决策方案隶属度集；R 为主要影响因素隶属度模糊判断矩阵；W 为各影响因素对决策方案集的总排序权重矩阵。

根据最大隶属度原则，得到优选方案。式（5.3）可以获得目标和权重均为定量值的多目标决策问题的最优解。

（2）应用模糊数学模型优选采空区治理方法。

锡林浩特萤石矿初选的采空区治理方法主要有崩落顶柱＋地表废石充填法（A_1）、全尾砂充填法（A_2）、崩落部分顶柱＋全尾砂充填法（A_3）。

①建立主要目标影响因素层次结构模型。

根据现场调查分析，影响锡林浩特萤石矿采空区治理方法选择的目标因素主要有施工安全条件、对地表岩移的影响程度、充填总成本、采准工程量、顶柱矿石回收量、施工复杂程度、空区充填程度、施工组织管理等。采用层次分析法对各因素进行层次分解，确定同层次各影响因素的相对重要性，最终通过合成得到各影响因素对决策方案的重要性，即目标因素对决策方案的权重。根据影响目标因素的情况及矿山开采实际，建立主要目标影响因素层次结构模型（图 5.20）。决策方案集 $A = (A_1, A_2, A_3)$，影响目标因素集为 $C = (C_1, C_2, C_3, \cdots, C_{10})$。

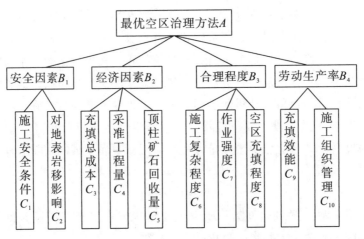

图 5.20　主要目标影响因素层次结构模型

②确定目标影响因素权重。

根据主要目标影响因素层次结构模型，采用层次分析法确定各目标影响因素的权重。针对两相关因素，按 Thomas L S 提出的 1~9 标度法进行目标影响因素重要性评价，比较标准定义见表 5.2，分别得出 **A** 层次对 **B** 影响因素模糊判断矩阵，并计算出 **B** 层次各因素对 **A** 层次的权重（表 5.3）。同理，计算出 **C** 层次各因素对 **B** 层次的权重（表 5.4~表 5.7）。

表 5.2　比较标准定义

标准值	定义	说明
1	同等重要	因素 **A** 和 **B** 的重要性相同
3	稍微重要	因素 **A** 的重要性稍高于 **B**
5	明显重要	因素 **A** 的重要性明显高于 **B**
7	强烈重要	因素 **A** 的重要性强烈高于 **B**
9	绝对重要	因素 **A** 的重要性绝对高于 **B**

表 5.3　**A** 层次对 **B** 影响因素模糊判断矩阵

A	B_1	B_2	B_3	B_4
B_1	1	3	5	7
B_2	1/3	1	3	5
B_3	1/5	1/3	1	3
B_4	1/7	1/5	1/3	1

表 5.4 **B** 层次 B_1 对 **C** 影响因素模糊判断矩阵

B_1	C_1	C_2
C_1	1	3
C_2	1/3	1

表 5.5 **B** 层次 B_2 对 **C** 影响因素模糊判断矩阵

B_2	C_3	C_4	C_5
C_3	1	1/5	1/3
C_4	5	1	1/3
C_5	3	3	1

表 5.6 **B** 层次 B_3 对 **C** 影响因素模糊判断矩阵

B_3	C_6	C_7	C_8
C_6	1	3	1/5
C_7	1/3	1	5
C_8	5	1/5	1

表 5.7 **B** 层次 B_4 对 **C** 影响因素模糊判断矩阵

B_4	C_9	C_{10}
C_9	1	5
C_{10}	1/5	1

根据模糊判断矩阵，采用公式 $a_i = \sqrt[n]{\prod_{j=1}^{n} a_{ij}}$ 分别计算 **B** 层次各因素对 **A** 层次权重、**C** 层次各因素对 **B** 层次的权重，并对计算结果进行归一化处理，结果如下：

$$\boldsymbol{W} = \begin{bmatrix} 0.564 & 0.263 & 0.118 & 0.055 \end{bmatrix}$$
$$\boldsymbol{W}_1 = \begin{bmatrix} 0.750 & 0.250 \end{bmatrix}$$
$$\boldsymbol{W}_2 = \begin{bmatrix} 0.127 & 0.222 & 0.651 \end{bmatrix}$$
$$\boldsymbol{W}_3 = \begin{bmatrix} 0.391 & 0.278 & 0.331 \end{bmatrix}$$
$$\boldsymbol{W}_4 = \begin{bmatrix} 0.833 & 0.167 \end{bmatrix}$$

③确定主要目标影响因素的隶属度。

根据研究提出的采空区治理方法的指标选取相关定量指标，定性指标则按

9 级标准进行评判。锡林浩特萤石矿采空区治理方法决策方案主要目标影响因素指标评价见表 5.8。表 5.8 中 A_1，A_2，A_3 表示决策方案；C_1，C_2，…，C_{10} 表示主要目标影响因素。

表 5.8　决策方案主要目标影响因素指标评价表

主要影响因素	决策方案		
	A_1	A_2	A_3
C_1	A_2 比 A_1 较为优	最优	A_2 比 A_3 稍稍优
C_2	A_2 比 A_1 较为优	最优	A_2 比 A_3 稍稍优
C_3（万元）	54.00	300.30	206.78
C_4（m^3）	855.76	540.80	668.08
C_5（万吨）	3.20	0.00	1.20
C_6	最优	A_1 比 A_2 较为优	A_1 比 A_3 稍稍优
C_7	最优	A_1 比 A_2 较为优	A_1 比 A_3 略微优
C_8	A_2 比 A_1 较为优	最优	A_2 比 A_3 稍稍优
C_9	最优	A_1 比 A_2 较为优	A_1 比 A_3 稍稍优
C_{10}	A_2 比 A_1 较为优	最优	A_1 比 A_3 略微优

定性指标采用二元比较法根据语气算子与定量标度确定其相对隶属度（表 5.9），其中相对隶属度量化公式为：

$$R_j = (1 - a_j)/a_j \tag{5.4}$$

式中，R_j 为相对隶属度值；a_j 为定量标度值。

表 5.9　语气算子与定量标度相对隶属度关系表

语气算子	定量标度	相对隶属度
同样	0.50	1.000
稍稍	0.55	0.818
略微	0.60	0.667
较为	0.65	0.538
明显	0.70	0.429
显著	0.75	0.333
十分	0.80	0.250

续表

语气算子	定量标度	相对隶属度
非常	0.85	0.176
极其	0.90	0.111
极端	0.95	0.053
无可比拟	1.00	0.000

计算主要经济因素（B_2）中 3 个决策因素 C_3、C_4 与 C_5 的隶属度矩阵为：

$$\boldsymbol{R}_{B_2} = \begin{bmatrix} 1 & 0 & 0.618 \\ 0 & 1 & 0.594 \\ 1 & 0 & 0.625 \end{bmatrix}$$

根据表 5.9 确定其他 $\boldsymbol{B}$ 层次的决策因素隶属度矩阵如下：

$$\boldsymbol{R}_{B_1} = \begin{bmatrix} 0.538 & 1 & 0.818 \\ 0.538 & 1 & 0.818 \end{bmatrix}$$

$$\boldsymbol{R}_{B_3} = \begin{bmatrix} 1 & 0.538 & 0.818 \\ 1 & 0.538 & 0.667 \\ 0.538 & 1 & 0.818 \end{bmatrix}$$

$$\boldsymbol{R}_{B_4} = \begin{bmatrix} 1 & 0.538 & 0.818 \\ 0.538 & 1 & 0.667 \end{bmatrix}$$

④决策方案隶属度复合运算及优选。

a. 一层模糊优选。

根据已计算出来的指标权重结果，可得：

$$\boldsymbol{A}_1 = \boldsymbol{W}_1 \cdot \boldsymbol{R}_{B_1} = \begin{bmatrix} 0.750 & 0.250 \end{bmatrix} \cdot \begin{bmatrix} 0.538 & 1 & 0.818 \\ 0.538 & 1 & 0.818 \end{bmatrix}$$

$$= \begin{bmatrix} 0.538 & 1 & 0.818 \end{bmatrix}$$

同理可得：

$$\boldsymbol{A}_2 = \boldsymbol{W}_2 \cdot \boldsymbol{R}_{B_2} = \begin{bmatrix} 0.127 & 0.222 & 0.651 \end{bmatrix} \cdot \begin{bmatrix} 1 & 0 & 0.618 \\ 0 & 1 & 0.594 \\ 1 & 0 & 0.625 \end{bmatrix}$$

$$= \begin{bmatrix} 0.778 & 0.222 & 0.617 \end{bmatrix}$$

$$\boldsymbol{A}_3 = \boldsymbol{W}_3 \cdot \boldsymbol{R}_{B_3} = \begin{bmatrix} 0.391 & 0.278 & 0.331 \end{bmatrix} \cdot \begin{bmatrix} 1 & 0.538 & 0.818 \\ 1 & 0.538 & 0.667 \\ 0.538 & 1 & 0.818 \end{bmatrix}$$

$$= \begin{bmatrix} 0.847 & 0.691 & 0.776 \end{bmatrix}$$

$$\boldsymbol{A}_4 = \boldsymbol{W}_4 \cdot \boldsymbol{R}_{B_4} = \begin{bmatrix} 0.833 & 0.167 \end{bmatrix} \cdot \begin{bmatrix} 1 & 0.538 & 0.818 \\ 0.538 & 1 & 0.667 \end{bmatrix}$$

$$= \begin{bmatrix} 0.923 & 0.615 & 0.792 \end{bmatrix}$$

b. 二层模糊优选。

由一层模糊优选的计算结果，得到 3 种采空区治理方法对 4 个指标（$B_1 \sim B_4$）的相对隶属度矩阵为：

$$\boldsymbol{R} = \begin{bmatrix} 0.538 & 1 & 0.818 \\ 0.778 & 0.222 & 0.617 \\ 0.847 & 0.691 & 0.776 \\ 0.923 & 0.615 & 0.792 \end{bmatrix}$$

对应的权重矩阵：$\boldsymbol{W} = (0.564, 0.263, 0.118, 0.055)$，进而得到 3 种采空区治理方法对优越性的隶属度为：

$$\boldsymbol{A} = \boldsymbol{W} \cdot \boldsymbol{R} = \begin{bmatrix} 0.564 \\ 0.263 \\ 0.118 \\ 0.055 \end{bmatrix}^{-1} \cdot \begin{bmatrix} 0.538 & 1 & 0.818 \\ 0.778 & 0.222 & 0.617 \\ 0.847 & 0.691 & 0.776 \\ 0.923 & 0.615 & 0.792 \end{bmatrix}$$

$$= \begin{bmatrix} 0.659 & 0.738 & 0.759 \end{bmatrix}$$

根据计算结果可知，3 种采空区治理方法的综合优越度为：方案 A_1 为 65.9%，方案 A_2 为 73.8%，方案 A_3 为 75.9%。方案的优劣次序为：A_3、A_2、A_1，方案 A_3 优于其他两个方案，故最终选用崩落部分顶柱＋全尾砂充填法治理采空区。

5.4.2.4 顶柱崩落方法

研究提出在穿脉巷内封堵散体堆外侧边缘斜向下钻凿平面扇形炮孔及竖直扇形炮孔，来处理位于四中段的顶柱，将顶柱上方的大规模散体覆盖层引下来，充填整个采空区。结合开采现状，将顶柱边界（称为顶柱回采界限）投影至三中段工程平面图中，以此边界为起点，沿矿体走向依次在穿脉巷内布置处理顶柱的扇形炮孔 [图 5.21（a）]。钻凿下斜扇形炮孔时，注意位于平面位置的第一排炮孔应避免被打到穿脉巷的废石散体堆中，以确保每排炮孔的成孔质量。同时，根据穿脉巷间实际距离调整平面扇形炮孔的布置个数及角度，每个排面布置 3~4 个炮孔，孔底距为 1.8m。

竖直面上，在穿脉巷道内布置倾斜向下扇形炮孔，炮孔边孔角 20°，最小抵抗线 1.8m，孔底距 1.8m，排面角 90°，最长炮孔长度约 18m［图 5.21（b）］，装药至矿岩接触面即可，炮孔装药长度根据矿体的具体厚度来定，分组顺次爆破，崩落四中段所留顶柱。

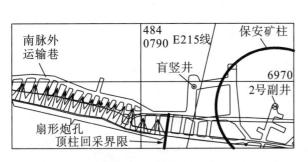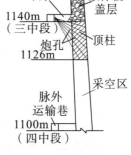

（a）炮孔平面布置形式　　　　　　（b）炮孔立面布置形式

图 5.21　三中段扇形炮孔布置图

5.4.3　竖井稳固措施

要保障保安矿柱的稳定功能，最可行的方法是对已被破坏范围内的空区进行充填，利用充填散体的侧向承载能力保障保安矿柱的稳定性。利用优选的采空区治理方法对采空区进行治理后，竖井保安矿柱位于三中段被开采破坏的部分没有被充填，需采取措施保证被破坏的保安矿柱区域尽量满足完全充填。基于此，研究提出利用位于副井附近的二中段的穿脉巷对矿柱内部分空区进行二次补充充填，充填材料来源于井下采出的废石，利用废石散体侧压力来支撑矿柱。补充充填作业与空区治理协同进行，即先治理近副井一侧的采空区，该侧的顶柱崩落及空区被充填后，可为副井的保安矿柱提供侧向支撑，此时补充充填作业与远端的空区治理协同进行，以便能更快地保障竖井的稳固性。同时，要选择较稳固的巷道作为补充充填巷道，为保证巷道在使用期间的安全性，需要采用合理的支护技术对需要使用的补充充填巷道进行支护。

常规的支护技术：当发生冒顶时，先蹬碴喷浆护顶，再清理碴堆，并在冒落区下部架设金属拱架，拱架上部填塞圆木封顶。由于矿岩破碎，冒落不容易被完全控制，在喷浆时容易掉块伤人。此外，在冒顶区下部清理冒落碴与架设支架时，喷层容易发生局部脱落现象，在喷浆与架设支架时容易发生掉块伤人事故，工作人员在近空区周边进行支护作业也存在一定危险。为避免该风险，在二中段近空区充填巷道可采用整体拱棚支护技术（图 5.22）。

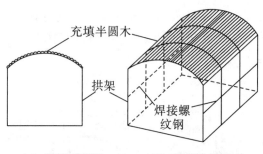

（a）拱架正面图 　　　（b）拱架整体形态

图 5.22　整体拱棚支护技术

　　整体拱棚支护技术的优点在于不进入片帮冒落区作业，在冒落区外先进行一侧排险撬顶，防止顶板掉块，然后再利用铲运机将用螺纹钢焊接成的整体可缩性金属拱架推进到可能发生冒落的区域内（靠近空区边缘位置），人员站在铲运机铲斗上向支架上方插入半圆木进行密封作业，形成整体棚架，使近空区充填巷道满足安全充填作业需求。根据充填巷道的实际规格选择金属拱架尺寸，拱架之间的距离取 1m，一次焊接 4 架连成一体，形成长 3m 的整体拱棚。将可缩性金属拱架焊接成一体，大大增强了拱架的支持强度，且整体支架仍具有可伸缩性，利于压力释放，具有较强的抗冲击能力。此外，拱架顶部的密实圆木形成有效密封空间，可保护拱架内充填作业人员及设备的安全。二次补充充填后保安矿柱充填效果如图 5.23 所示。一方面该措施保障了保安矿柱的稳定性；另一方面由于井下废石得到再利用，在节约成本的同时，保护了竖井的安全运行。

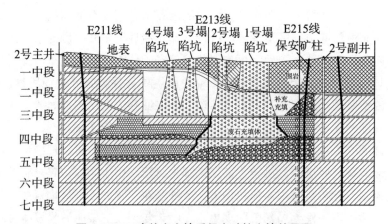

图 5.23　二次补充充填后保安矿柱充填效果图

5.5　释放矿量回采方法

根据竖井保安矿柱优化结果，锡林浩特萤石矿将释放约 13.4 万吨矿柱矿量，为有效回收该部分矿柱及适应深部矿体开采条件，在综合考虑采矿成本、作业安全条件与技术可行性和地表环保要求的前提下，确定最适合的方法对释放的矿柱矿量及深部矿体进行有效的回收与开采非常必要。

5.5.1　原采矿方法适用性分析

针对急倾斜中厚矿体，浅孔留矿法具有较好的适用性，锡林浩特萤石矿在开采中普遍采用平底结构浅孔留矿法。现用浅孔留矿法采场结构如图 5.24 所示，矿块采用沿走向布置，中段高 40m，矿块沿走向长 100m，中段顶板预留厚 10m 顶柱，通风行人天井布置在矿体的下盘，目前矿石总回采率约 80.31％，损失率约 19.69％，贫化率约 16.89％。

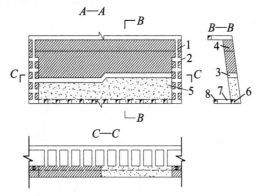

1—通风行人天井；2—联络巷；3—作业空间；
4—顶柱；5—留矿堆；6—拉底巷道；7—穿脉巷；
8—阶段脉外运输巷

图 5.24　现用浅孔留矿法采场结构图

浅孔留矿法以其采场结构与生产工艺简单、管理方便、采准工程量小、出矿时间早等优点在锡林浩特萤石矿开采中得到了长期的应用。然而，由于矿岩接触带存在一定厚度的蚀变岩体，其稳定性较差，在开采过程中普遍存在片帮冒落的情况。应用浅孔留矿法的采场在开采中存在以下 3 个问题：一是矿岩接触带为蚀变闪长岩，稳定性较差，在大放矿过程中，围岩容易发生片落，而片落的围岩混入矿石中被放出，由此造成了矿石回采率低，贫化率较大；二是人员直接在空场下作业，矿石层理发育属于不稳固级别，在矿体厚度较大部位，当回采到接近顶板位置时，容易发生冒顶事故；三是随着开采的延深，不可避免地将进一步加大地表形成新的塌陷坑的风险，以及岩移范围的进一步扩大，地表草原环境将遭受破坏。由于采场的安全条件差、矿石贫化率高、地表环保压力大等，现用浅孔留矿法已不适应锡林浩特萤石矿矿体的开采条件，故需对现用采矿方法进行改进。

5.5.2 释放矿柱矿量回收方法

锡林浩特萤石矿矿体厚 4～12mm，矿体倾角 80°～90°，属于典型急倾斜中厚矿体。矿体节理裂隙发育不稳固，具有良好的可崩性，上盘围岩、下盘围岩中等稳固，根据矿山"三律"特性分析结果，适合采用在巷道内作业的中深孔落矿技术，由于矿柱矿量规模较小，据此研究提出采用高端壁放矿崩落法回收矿柱、释放矿量（图 5.25）。经调研，现场存留废石散体能够满足充填作业需求，随着地表塌陷坑内覆盖层下移及时充填了塌陷区，利用临界散体柱的支撑作用维护边壁岩体的稳定性，不会导致地表出现大规模岩移情况。

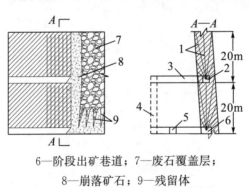

6—阶段出矿巷道；7—废石覆盖层；
8—崩落矿石；9—残留体

图 5.25 高端壁放矿矿柱回采示意图

原中段高度 40m，取分段高度 20m，即一个中段划分为两个分段，采用中深孔挤压爆破，上下两个分段协同崩矿；分段水平每排炮孔个数为 7 孔，中段水平为 6 孔，炮孔深度 3～20m，采用扇形布孔方式，钻孔长度及总装药长度因矿体的厚度及倾角的变化而不同，可根据具体矿体条件进行适当调整。炮孔直径 65mm，孔底距 1.6m，排间距 1.6m，排面角 90°，其中分段水平边孔角为 42°，中段水平边孔角为 50°，出矿工作统一在每个中段水平进行，沿用矿山目前使用的 0.75m³ 的铲运机进行出矿。放矿初期，先将矿石均匀缓慢放

出，始终保持采场内矿石散体堆积高度足够高，利用矿石散体的侧压力为不稳
的边壁围岩提供足够大的侧向压力，消除矿岩接触带的暴露空间，当整个采场
崩矿完成后进行一次大规模放矿，减少顶部矿岩接触面的暴露时间，通过改进
崩落矿石的放出条件降低矿石的损失贫化率。

　　针对锡林浩特萤石矿矿体的厚度条件，采用高端壁放矿时在每个分段只设
置一条回采进路，布置在矿体下盘边界位置，不涉及进路间距的确定问题。对
于矿体厚度较大或者接近于厚矿体条件的急倾斜矿体，一般在每个分段需布置
多条回采进路，这时需要根据矿体分布形态及散体流动特性来确定进路间距。
进路间距较大将导致相邻进路的崩落矿石放出体形态无法切合，即两进路间放
出体最大部位不能达到最佳爆破效果，导致矿石残留，降低了回采率；如果进
路间距较小，相邻进路间的崩落矿石放出体相互交叉，将造成矿石损失贫化加
大，不利于回采进路的稳定，导致放矿效果不佳。合理的回采进路间距值可利
用以下公式进行确定：

$$B = 2 \times \sqrt{(2H)^{\alpha_1} \cdot \frac{\beta_1(\omega + 1)}{e\,\alpha_1}} + b \qquad (5.5)$$

式中，B 为进路间距；H 为分段高度；b 为进路宽度；e 为自然常数；$\omega = \frac{\alpha + \alpha_1}{2}$；$\alpha$、$\alpha_1$、$\beta_1$ 为散体流动参数。

　　崩矿步距也是影响矿石损失贫化的重要参数之一，其指一次爆破崩落矿石
层厚度，一般情况下单次爆破 1~2 排炮孔。当崩矿步距过小时，正面废石散体
率先到达出矿口，这时崩矿步距对矿石流动影响情况如图 5.26（a）所示，废石
漏斗到达出矿口时在空间上与顶板眉线保持一定距离，废石流被矿石流包围；
当崩矿步距过大时，顶部废石散体率先到达出矿口，此时崩矿步距对矿石流动
影响情况如图 5.26（b）所示，废石最先在端部出矿口眉线部位呈薄层流出，在
端壁上方原残留矿石持续流动的影响下，使顶部废石到达出矿口时无法紧贴出
矿口眉线，由此造成废石与矿石混合放出。由于废石流出的速率较慢，废石在
端部口出露部位较高，如果废石块度较大，随着出矿的进行，容易形成大块卡
口导致矿石无法放出。

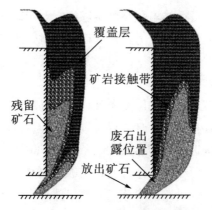

（a）崩矿步距过小　　（b）崩矿步距过大

图 5.26　崩矿步距对矿石流动影响情况

根据废石在端部出矿口出露的位置高度，可以判定废石的来源。如果废石出露部位较低且四周被矿石包裹，表明废石主要来自端部正面，说明崩矿步距过小，应适当增大崩矿步距；如果废石靠出矿口眉线呈"高位薄层"流出，表明废石来自顶部，此时崩矿步距过大，应适当减小崩矿步距。

采用高端壁放矿崩落法时，沿进路方向的放出体的方程表达式为：

$$y^2 = (1+\alpha_1) \cdot \beta_1 \cdot z^{\alpha_1} \cdot \ln \frac{h}{z} \tag{5.6}$$

式中，α_1、β_1 为沿进路方向散体流动参数；y、z 为放出体坐标变量；h 为放出体高度（约为 2 倍分段高度）。

假定放出体最宽部位 y_{max} 所在高度为 h_{max}，则在 $z=h_{max}$ 处有 $\dfrac{\mathrm{d}y}{\mathrm{d}z}=0$，此时有 $h_{max} = \dfrac{h}{\mathrm{e}^{\frac{1}{\alpha_1}}}$，放出体最大宽度表达式为：

$$y_{max} = \sqrt{\frac{(1+\alpha_1)\beta_1 h^{\alpha_1}}{\mathrm{e}\alpha_1}} \tag{5.7}$$

由此得到最优崩矿步距计算表达式为：

$$L = k\cos\theta \cdot \sqrt{\frac{(1+\alpha_1)\beta_1 h^{\alpha_1}}{\mathrm{e}\alpha_1}} \tag{5.8}$$

式中，θ 为放出体流轴与端壁夹角；k 为矿石松散系数。

根据锡林浩特萤石矿散体流动参数实验结果，沿进路方向：$\alpha_1=1.712$，$\beta_1=0.125$，$h=40\mathrm{m}$，$\theta=78°$，$k=1.5$。根据式（5.10）计算得到最优崩矿步距 $L=1.56\mathrm{m}$，最终初始设计崩矿步距取 1.6m。

5.5.3　深部矿体开采方法

针对深部矿产资源，当采用高端壁放矿崩落法时，主要存在以下两个方面的问题：其一，由于深部矿体赋存规模较大，采用高端壁放矿崩落法开采必将导致地表发生沉降及塌陷，而地表草原环境不允许大规模塌陷；其二，由于地表废石存量有限，无法满足深部矿体开采后的地表大规模废石充填需求，因此高端壁放矿崩落法不满足绿色开采要求。当采用分层充填法开采时，采准工程量大，施工工艺相对复杂，最重要的是每个分层回采会形成约 7m 的采高，人员直接在顶板暴露下作业的安全性相对较差，也不属于最佳的采矿方法。因此，根据矿体条件与矿山"三律"特性分析结果，结合临界散体柱支撑理论在矿石损失贫化控制中的重要作用，从绿色开采角度出发，响应国家去除尾矿库的发展趋势，研究提出了以分段崩矿、阶段出矿嗣后充填为特征的高端壁放矿嗣后充填法，来解决深部急倾斜中厚矿体开采的技术难题。

5.5.3.1　采场结构布置

应用高端壁放矿嗣后充填法开采急倾斜中厚矿体时，为了达到最佳的矿石产出效益，在确定采场结构时应满足以下两点要求：第一，降低采准系数，减小采准工程量，降低采矿成本；第二，尽可能降低矿石损失率与贫化率，降低崩落矿石的下盘残留量，减少下盘损失，尽可能多地回收崩落矿石。当采用沿脉回采巷道开采急倾斜中厚矿体时，受有效爆破范围的影响，需采用分段崩矿的方法减少爆破夹制力大等问题；针对下盘迁移残留矿石量多的情况，应尽可能形成空场出矿条件。即第一分段沿脉巷道主要用于崩矿，不设置出矿进路，在阶段水平设置回收进路，统一回收崩落矿石，第一分段崩落的矿石可作为阶段水平崩落矿石的覆盖层，这样通过增加矿石覆盖层的高度来减小厚跨比，利用厚大覆盖层提供的侧向压力控制边帮围岩的片落，进而改善阶段矿石的回收指标。

（1）采场结构参数。

高端壁放矿嗣后充填法采场结构如图 5.27 所示。将两个中段合并为一个阶段，阶段高度取 80m。矿体沿走向长约 420m，将整个矿体划分为 3 个矿块，矿块间留两个厚 7m 的间柱，每个矿块分为 3 个采场，即两边大采场长 53m，中间小采场长 30m，采场宽为矿体的厚度，开采中控制炮孔深度，在阶段顶板留厚 10m 的顶柱，用于防止顶板覆盖层冒落。由于矿岩属于中等稳固级别，分段凿岩巷道与出矿横穿均采用半圆拱形巷道，断面尺寸为 2.8m×2.8m

（宽×高）。根据矿山现用设备能力，一个阶段划分为两个中段，一个中段再划分为两个分段，选取分段高度为20m，即将整个阶段划分为4个分段，第二分段为中段水平，第四分段即为阶段水平。其中，第一与第三分段进路主要用于崩矿而不出矿，第二分段与第四分段用于平底出矿，根据原浅孔留矿法出矿进路设置经验取其间距为8～10m。

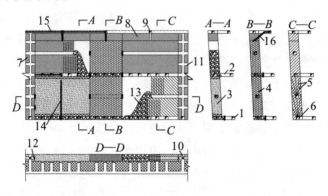

1—阶段脉外运输巷；2—中段穿脉巷；3—尾砂充填体；
4—胶结充填体；5—中深孔；6—阶段脉内沿脉巷；7—间
柱；8—顶柱；9—阶段穿脉巷；10—风井；11—风井联络巷；
12—挡墙；13—崩落矿石；14—滤水管；15—充填管道；16—充填斜井

图 5.27　高端壁放矿嗣后充填法采场结构

（2）采切工程。

在阶段水平，在矿体上盘掘进阶段脉外运输巷及阶段出矿穿脉巷，在脉内沿矿房长轴方向掘进脉内拉底巷道，以该巷道为自由面进行扩帮，将矿房底部拉底至矿体两侧边界，形成3m的拉底空间，用以钻凿上向扇形炮孔。在中段水平，于矿体上盘掘进分段脉外运输巷、穿脉出矿巷以及沿脉回采巷道，而在其他两个分段水平只开掘脉内沿脉采准巷道。

切割工程方面，在各个分段的沿脉采准工程完成后，以矿块为单位，在每个采场端部（近保安矿柱位置）开掘切割天井，切割天井规格为1.5m×2.0m，在切割天井两侧钻凿切割炮孔，每排布置5个炮孔（图5.28），以切割天井为自由面拉开切割槽，切割炮孔的平面布置形式如图5.29所示。

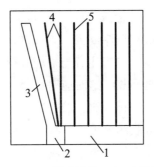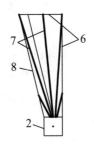

1—回采进路；2—切割巷道；3—切割井；
4—辅助切割炮孔；5—回采炮孔；6—切割
槽轮廓；7—切割炮孔；8—切割井投影

图5.28　切割工程布置图

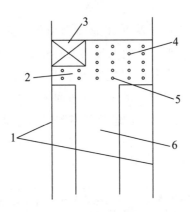

1—矿界；2—切割巷道；3—切割天井；
4—切割炮孔；5—辅助切割炮孔；6—凿岩巷道

图5.29　切割炮孔的平面布置形式

5.5.3.2　回采及充填

采场的回采顺序为：第一，先开采矿块中小采场（长30m的采场），采用全尾砂胶结充填；第二，开采大采场（长53m的采场），采用高浓度尾砂充填。矿块中小采场胶结充填的目的是提高充填体的强度，可以作为间柱，为两端大采场的开采提供条件，采取按中段由下向上的回采方式。采切工程完成后，在阶段及中段水平的脉内采准巷道钻凿上向中深孔，炮孔布置及出矿方式与矿柱释放矿量回收方法中所述相同。回采时应注意当矿块中小采场回采完，准备回采两边的大采场时，其回采顺序应从中间的小采场边壁向两端的间柱方向进行退采，以避免分段脉内崩矿巷道在开采过程中被封堵。

每回采两个分段（40m 段高）进行一次充填，小采场采用全尾砂胶结充填，大采场采用高浓度尾砂充填。每次充填厚度为 1.5~2.0m，相邻采场交替充填，以保证充填工作的连续性。作业时应当注意当采场进行充填时，由于位于采场的底板会残留部分矿石无法完全回收，这时应对底部残留矿石进行胶结充填，使充填后的胶结充填体高度达 5~6m，随后采用高浓度尾砂充填。这样在下一阶段的矿体开采中，由于该部分胶结充填体的存在，可以减少下一阶段水平顶柱预留厚度，以提高矿石的回收率。当整个采场回采完毕后，由于在阶段顶板留有厚 12m 的顶柱，从中段近采场中心的穿脉巷道向下开掘一条充填斜井，将充填管道由此处下放至空区进行充填接顶。

5.5.3.3 采场通风

每个矿块在回采中，由于采矿作业面为独头作业，不能满足贯通风流需求，为了提高生产效率并保证作业人员的身心安全，应尽可能满足每个矿块的新鲜风量要求，即巷道在工作时风速应不小于 0.4m/s，无作业状态下应不小于 0.25m/s。通过在矿块间的预留间柱开凿回风行人天井，在回采工作面回风井处加装局部扇，新鲜风流由下阶段运输巷经穿脉巷进入作业面，对作业面进行清洗后，利用局部扇通过通风井将新鲜风流引入上阶段运输巷中，由此形成通风系统。通风线路如图 5.30 所示。

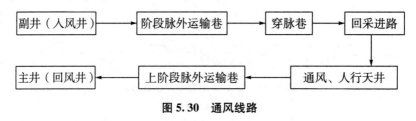

图 5.30　通风线路

5.6　空区顶板冒落危害管控措施

当采用高端壁放矿崩落法回采矿柱矿量时，随着矿石的崩落与回采，在预留安全顶柱下方会形成一定规模的采空区，空区的存在可能带来以下 3 种危害：其一，由于空区预留顶柱上方积压大量散体，在散体自重的作用下，空区顶板矿柱突然大规模垮落，形成冲击气浪危害井下作业人员及设备的安全；其二，空区顶板冒落后，其上部覆盖层散体迅速冒透至地表，塌陷坑与岩移范围将迅速扩大,如果地表构筑物、人员及牲畜位于该影响范围内,会造成严重的陷落危害;其三,为了追求经济效益最大化,随着大部分矿石的铲出,采场作业人员可能深入空区内进行铲装作业,这时一旦空区顶板及边帮围岩发生片帮冒落,也将危害作业人员的生命安全与设备的安全。因此,需结合开采条件,采取相应的管控措施消除空区存在时可能带来的危害。

5.6.1 冲击气浪危害管控

冲击气浪是指空区顶板岩(块)体受结构面作用及爆破震动的影响脱离顶板母体下落所造成的气流冲击波,按照气体的补给条件,一般分为两种冲击气浪类型:"打气筒"冲击和"绕流"冲击(图 5.31)。"打气筒"冲击是指冒落岩体外边缘直接与地表联通,冒落气体主要来自地表大气层的补给与冒落底部受压向上运动的气体,犹如打气筒的工作特征一样,空区边壁围岩是"气筒",冒落岩体是"活塞",冒落过程看作"活塞"运动,受压缩气体迅速通过通口处排出形成冲击气浪,这种冲击气浪类型往往导致较大的冲击范围,造成更严重的危害;"绕流"冲击是指顶板岩体冒落未发展至地表,冒落气体主要来自空区内部气体的运动,受冒落岩块的影响,部分气体被迅速压缩环绕冒落岩体向上部流动,这部分气体的运动有利于降低气浪流速,而另一部分气体快速向下运动从出矿口流出形成冲击气浪。

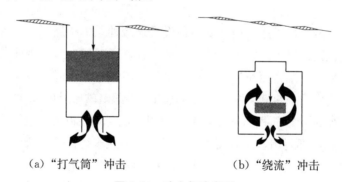

(a) "打气筒"冲击　　　　　　　(b) "绕流"冲击

图 5.31　冲击气浪类型

对于锡林浩特萤石矿开采形成的空区条件,由于在空区顶板预留了一定厚度的顶柱,一旦顶板岩体发生冒落,在冒落初期,冒落气体主要为空区内部气体的能量交换,这属于"绕流"冲击过程;当顶柱完全冒落后,上部覆盖层散体随之冒落至地表,这时冒落气体一部分来自空区内部,另一部分来自地表大气层补给,进入"打气筒"冲击阶段。也就是说,空区顶板岩体冒落可能形成的冲击气浪危害受两种冲击类型的共同影响。

对于冲击气浪危害的防治，普遍适用的方法是预留一定厚度的缓冲散体垫层。在合理缓冲散体垫层厚度的研究方面，B. P. 伊缅尼托夫等提出的经验表达式如下：

$$L = 0.74 \times k^{0.5} \cdot h^{0.02} \cdot H^{1.26} \cdot \left(\frac{N}{N'}\right)^5 \tag{5.9}$$

式中，L 为垫层合理厚度，m；k 为底层岩块粗糙系数，$k = 6.6 \times 10^{-2} d$（d 为岩石平均直径）；H 为垫层表面到空区顶板的距离，m；h 为崩落层高度，m；N 为崩落层面积，m^2；N' 为顶板暴露面积，m^2。

同时，狮子山铜矿与马鞍山矿山研究院通过实验研究得到了冲击气浪到达散体垫层后的流速与合理缓冲散体垫层厚度的关系式：

$$v = 0.087\tau^2 - 1.9\tau + 20.1 \tag{5.10}$$

式中，v 为冲击气浪流速，m/s；τ 为合理缓冲散体垫层厚度，m。

任凤玉等基于矿山生产实际，在总结西石门铁矿、书记沟铁矿利用缓冲散体垫层预防冲击气浪的实践经验基础上，提出了空区底板合理缓冲散体垫层厚度的计算式：

$$L = 0.2 \times d^{0.5} \cdot h^{0.25} + L_0 \tag{5.11}$$

式中，d 为冒落岩体的等价圆直径，m；h 为岩体冒落高度，m；L_0 为缓冲散体垫层基础稳固性补偿量，对于井巷封闭，取 1.5~2.0m，对于进路端部口封闭，取 0。

上述研究成果可以用于指导矿山留设合理缓冲散体垫层厚度，针对采场出矿条件、空区顶板岩体的冒落条件及冒落进程，可以分为两种缓冲散体垫层留设方式。当采空区暴露面积较小，远达不到极限冒落面积时，空区底板缓冲散体垫层厚度高出回采巷道顶板一定高度即可（端部出矿口封堵），如图 5.32（a）所示。当采空区暴露面积达到极限冒落面积时，空区底板缓冲散体垫层厚度必须将回采进路端部封堵，这时需根据上述经验公式进行计算分析，确定出合理的缓冲散体垫层厚度，如图 5.32（b）所示。缓冲散体垫层厚度必须严格按照要求留设，避免冲击气浪危害的发生，保证出矿作业人员的安全。

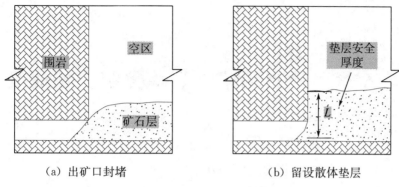

（a）出矿口封堵　　　　　　　（b）留设散体垫层

图 5.32　缓冲散体垫层留设方式

5.6.2　陷落危害管控

（1）加强对空区顶板岩体冒落的监测工作，对于空区顶板上方未形成塌陷坑的区域，按照一定距离布置地质钻孔进行空区顶板冒落过程监测，可以借鉴小汪沟铁矿地表监测的实践经验，当发现空区顶板距离地表不足 20m 时，迅速组织人员撤离。

（2）对于已经形成塌陷坑的区域，对塌陷坑进行适时充填，减少地表下沉程度，同时成立监测领导小组，对塌陷坑边壁的断裂线发展及岩体的移动情况进行布点监测，一旦发现异常，迅速采取撤离措施。

（3）对于井下形成的采空区空间范围（包括面积及高度）进行准确记录并绘图，形成最新的采掘平面图及井上下对照图，定期跟踪计算空区顶板的暴露面积是否达到极限冒落面积，做好防范措施。

（4）对地表岩移主要影响区域进行拉网隔离，在周边按照一定距离设置安全警示标志，定期进行巡逻检查，发现拉网被破坏及时做好记录，尽快进行修补，对经过塌陷区的道路周边也要设置警示标志，防止行人、车辆进入塌陷区。

5.6.3　片帮冒落危害管控

片帮冒落危害主要针对出矿作业人员，因此在出矿时要提前记录好步距崩落矿量，以及每个班次的出矿量，预测出矿进程。在出矿后期，要特别注意顶部矿石堆体的流动情况，防止冒落大块从端部口流出伤人，同时一定要做好出矿管理工作，在预留散体垫层的前提下，严禁出矿人员进入空区作业，防止岩块冒落伤人。

第 6 章　地表塌陷与岩移控制方法研究

对于地下非煤矿山，当采用空场法或崩落法开采时，开采必将导致顶板岩层在空区条件下发生变形和破坏，引起顶板岩体冒落不断向地表发展，最终导致地表发生显著的沉降或者塌陷，随着采矿的持续，危害程度也将进一步增加。如锡林浩特萤石矿在原浅孔留矿法开采过程中，在地表形成了不同规模的塌陷坑，已经发生了牲畜陷落危害，地表草原环境也遭到了破坏，更为主要的是竖井位于采矿岩移范围内，随着对井下原预留保安矿柱的开采破坏，地表裂隙不断朝竖井方向发展，一旦竖井发生变形或者破坏，将带来人员伤亡与经济损失。为了避免这种危险情况发生，本章研究锡林浩特萤石矿岩体冒落与岩移机理，并据此提出有效的岩移控制方法。

6.1　岩体冒落与岩移机理研究方法

地下开采引起的岩体破坏和地表沉降取决于多种因素，如采矿方法、开采深度及规模、地质条件与岩体结构（节理或断层）等。在岩体冒落与岩移机理研究中主要采用的方法有物理相似模拟、现场监测及数值模拟等。根据文献调查，物理相似模拟主要应用于煤矿开采研究，而非煤矿矿山的岩体结构与煤矿存在很大的差异。现场监测主要有全站仪测量、GPS 监测、InSAR 技术、井下电视监测和微震监测等，主要用于评估和分析岩体冒落和地表塌陷的发展趋势，但岩体结构在岩体冒落及岩移发展过程中的作用无法直观地表示。数值模拟包括有限元法（FEM）、有限差分法（FDM）和离散元法（DEM），进行分析时模拟结果可能与实际现场条件存在偏差。因此，仅用一种方法无法准确研究岩体崩落和沉降机理，然而当现场监测和数值模拟相结合时，在突出岩体结构（节理）的重要影响时，可以对宏观的岩体冒落及地表岩移发展规律和微观的岩体内部裂纹与应力演化过程进行准确的解释，从而为矿山的安全开采和地表环境及设施的保护提供支撑。针对锡林浩特萤石矿开采及地表塌陷情况，研究采用现场监测和数值模拟（基于 FEM 的数值软件 RFPA-2D）相结合的方法，对开采过程中的岩体冒落机理和地表塌陷特征进行综合分析。在对裂纹扩展、应力演化和破坏发展、岩体冒落与地表塌陷等进行更好的理解的基础上，结合临界散体柱支撑理论提出安全可行的岩移控制技术。

6.2　地表岩移监测分析

6.2.1　地表监测点布置

目前，锡林浩特萤石矿受采矿影响在地表形成了不同规模的塌陷坑，由于中段水平空区顶板所留部分顶柱已经塌落，随着塌陷坑内散体的下移，临界散体柱无法满足围岩边壁稳定所需的位置高度要求，将引起边壁岩体发生变形与破坏，这就需要对近塌陷坑边壁岩移情况进行监测，根据多次累计的监测结果获得塌陷坑边壁岩移变化情况，然后通过数值模拟对其岩移机理进行分析。

根据地表塌陷坑的分布及充填情况，选择近副井的 1 号塌陷坑与远端的 4 号塌陷坑作为岩移监测对象。其中，1 号塌陷坑正在进行充填，4 号塌陷坑保持未充填状态。监测点垂直矿体走向布置，在 1 号塌陷坑下盘共布置 16 个监测点，共计 4 排，排距 10m，每排 4 列，列距 4m；在 4 号塌陷坑的上、下盘共布置 16 个监测点，其中上盘侧点布置 2 排，排距 10m，每排 4 列，列距 4m，下盘测点布置方式与上盘相同，上、下盘最靠近塌陷坑的监测点距离塌陷坑约 2m。1 号塌陷坑监测点的布置目的在于评估塌陷坑边壁岩移朝向竖井方向发展的趋势（副井位于 1 号塌陷坑下盘），作为监测预警分析；4 号塌陷坑监测点的布置目的在于研究塌陷坑在未充填状态下，上、下盘岩移发展特征。这样总共布置 32 个监测点，采用拓扑康 GTS-102R 型全站仪进行监测，监测周期为每半个月一次。经过多次监测，得出近塌陷坑边壁岩移随井下开采的变化规律，地表监测点布置如图 6.1 所示。本节采用 1 号塌陷坑的下盘第二排与第四排监测点，以及 4 号塌陷坑的第一排监测点作为分析对象，重点研究近塌陷坑区域的地表岩移与沉降特征。

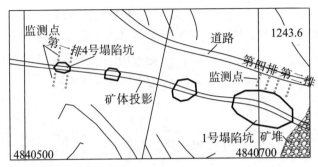

图 6.1　地表监测点布置

6.2.2　监测结果分析

　　1号塌陷坑第二排与第四排地表沉降值与水平位移监测曲线分别如图6.2、图 6.3 所示，表现为距离塌陷坑边壁越近沉降量越大，第二排监测点的沉降值普遍大于第四排监测点的沉降值，越靠近塌陷坑中心的监测点的沉降量越大，最大沉降量达2.9cm［图6.2（a）］，远端的最小沉降值也达1.0cm［图6.2（b）］。水平位移的变化趋势与地表沉降的变化趋势总体表现一致，最大水平位移达到2.5cm［图6.3（a）］，而同一监测点在同一监测时间内的水平位移普遍小于竖直沉降量。监测结果表明，塌陷坑周边的地表岩移处于动态发展阶段，地表岩移程度随着距塌陷坑距离的减小而增加，且岩移的发展以竖直沉降为主，水平位移为辅。随着井下采矿的持续进行，岩移发展程度及范围还将进一步加大。

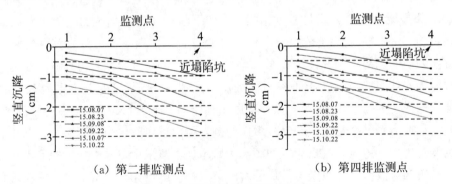

（a）第二排监测点　　　　　（b）第四排监测点

图 6.2　1号塌陷坑地表沉降监测曲线

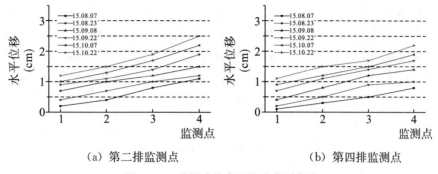

（a）第二排监测点　　　　　（b）第四排监测点

图 6.3　1 号塌陷坑水平位移监测曲线

4 号塌陷坑第一排监测点地表沉降与水平位移监测结果如图 6.4 所示。其中，上盘塌陷坑边壁 4 号测点的最大沉降值达 4.5cm，远端上盘 1 号测点的最大沉降值约 1.5cm。同一监测点在同一监测时间内的水平位移值小于竖直沉降值，最大水平位移出现在上盘 4 号测点，达 3.9cm。与 1 号塌陷坑第二排监测点结果对比，发现正在进行充填的 1 号塌陷坑边壁岩体的岩移程度要小于未进行充填的 4 号塌陷坑，竖直沉降值与水平位移值均减小约 1.5cm，表明通过对塌陷坑进行充填，坑内的废石散体对地表沉降及岩移的发展可以起到限制作用。

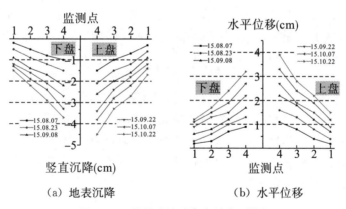

（a）地表沉降　　　　　（b）水平位移

图 6.4　4 号塌陷坑地表变形监测结果

对于 4 号塌陷坑，上盘监测点的地表沉降值与水平位移值普遍高于下盘，由于锡林浩特萤石矿塌陷区属于草原环境，没有大的工业厂区对地表造成扰动，因此位于塌陷坑边壁的上、下盘岩体在沉降与水平位移发展过程中表现出来的差异很可能受岩体结构分布特征的影响。由于开采区域内无明显的断层破碎带，因此这种变化特征应该与岩体中节理的分布密切相关。Crane、Walter Richard 指出，在没有断层的情况下，节理的倾角控制岩体断裂的发展，矿山的断裂角应近似于最突出的节理组的倾角；Vyazmensky、Alexander 等综合分析了岩体结构对地表沉降发展的影响，通过数值实验重点研究了节理取向在崩落法开采中对地表沉降及岩移发展的作用。基于现场监测结果与前人的研究成果，将采用数值模拟方法来重点分析锡林浩特萤石矿在岩体结构（节理）影响下的岩体冒落及地表岩移机理，据此提出有效的地表沉降与岩移控制措施。

6.3　岩体冒落与地表岩移机理的数值模拟分析

根据现场监测结果，可以清晰地观察到地表沉降及岩移的变化情况。然而，通过现场监测很难准确地解释岩体结构影响下的岩体冒落和地表岩移机理。为了进一步研究锡林浩特萤石矿的岩体冒落和地表岩移机理，研究采用RFPA－2D 数值软件进行分析。

6.3.1　RFPA－2D 应用原理

RFPA－2D 可用于模拟准脆性岩石的非线性变形和不连续介质力学机制。为了分析体积破坏强度的统计变量，Weibull 采用极值统计方法，并使用概率分布函数来表征局部破坏强度。在使用 RFPA－2D 进行建模时，模型由许多元素组成，这些元素的材料参数遵循由概率密度函数定义的 Weibull 分布：

$$\varphi = \frac{m}{\mu_0} \cdot \left(\frac{\mu}{\mu_0}\right)^{m-1} \cdot \exp\left[-\left(\frac{\mu}{\mu_0}\right)^m\right] \tag{6.1}$$

式中，μ 为元素的参数（如杨氏模量、泊松比、强度特性）；μ_0 为元素参数的平均值；m 为由分布函数的形状定义的参数，表示材料异质性程度。

RFPA－2D 数值软件中最大拉伸应变和 Mohr－Coulomb 屈服准则用于定义损伤阈值，前者确定元素是否受拉伸损伤，后者确定元素是否受剪切损伤。受损元素的弹性模量定义如下：

$$E = (1-D)E_0 \tag{6.2}$$

式中，D 为损伤变量；E、E_0 分别为受损和未损坏元素的弹性模量。

图 6.5 显示了受单轴应力影响的单元弹—脆性损伤本构关系。当元素中的拉应力达到拉伸强度时，损伤变量 D 可以定义为：

$$D = \begin{cases} 0 & (\varepsilon > \varepsilon_{t0}) \\ 1 - \dfrac{\lambda\varepsilon_{t0}}{\varepsilon} & (\varepsilon_{t0} \geqslant \varepsilon > \varepsilon_{tu}) \\ 1 & (\varepsilon \leqslant \varepsilon_{tu}) \end{cases} \tag{6.3}$$

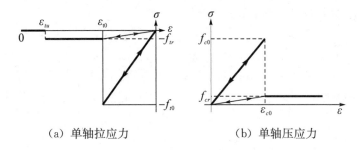

（a）单轴拉应力　　　　　　　　（b）单轴压应力

图 6.5　受单轴应力影响的单元弹—脆性损伤本构关系

注：此图中 f_{cr} 为压应力。

式中，ε 为单轴拉应变；λ 为剩余抗拉强度系数，$f_{tr} = \lambda f_{t0}$；f_{t0} 为残余抗压强度；f_{tr} 为残余抗拉强度；ε_{t0} 为弹性极限处的应变；ε_{tu} 为元素在拉伸时完全受损的极限拉伸应变 [图 6.5（a）]，$\varepsilon_{tu} = \eta \varepsilon_{t0}$，$\eta$ 为极限应变系数。在多轴应力状态下，当等效主拉伸应变 $\bar{\varepsilon}$ 超过阈值应变 ε_{t0} 时，元素在拉伸模式下仍然破坏。等效主拉伸应变 $\bar{\varepsilon}$ 定义如下：

$$\bar{\varepsilon} = -\sqrt{\langle -\varepsilon_1 \rangle^2 + \langle -\varepsilon_2 \rangle^2 + \langle -\varepsilon_3 \rangle^2} \tag{6.4}$$

其中，ε_1、ε_2、ε_3 是 3 个主拉伸应变，并且 $\langle\ \rangle$ 是按以下定义的函数：

$$\langle x \rangle = \begin{cases} x & (x \geqslant 0) \\ 0 & (x < 0) \end{cases} \tag{6.5}$$

通过用等效主拉伸应变 $\bar{\varepsilon}$ 代替式（6.3）中的单轴拉应变 ε，可以获得多轴应力元素的本构关系，损伤变量表示为：

$$D = \begin{cases} 0 & (\bar{\varepsilon} > \varepsilon_{t0}) \\ 1 - \dfrac{\lambda \varepsilon_{t0}}{\bar{\varepsilon}} & (\varepsilon_{t0} \geqslant \bar{\varepsilon} > \varepsilon_{tu}) \\ 1 & (\bar{\varepsilon} \leqslant \varepsilon_{tu}) \end{cases} \tag{6.6}$$

Mohr－Coulomb 屈服准则用作描述压缩应力条件下元素损伤的第二个损伤准则 [图 6.5（b）]，表达式为：

$$\sigma_1 - \frac{1 + \sin\varphi}{1 - \sin\varphi} \cdot \sigma_3 \geqslant f_{c0} \tag{6.7}$$

式中，σ_1、σ_3 分别为最大主应力、最小主应力；φ 为摩擦角；f_{c0} 为单轴抗压强度。

单轴压缩下的损伤变量表达为：

$$D = \begin{cases} 0 & (\varepsilon < \varepsilon_{c0}) \\ 1 - \dfrac{\lambda \varepsilon_{c0}}{\varepsilon} & (\varepsilon \geqslant \varepsilon_{c0}) \end{cases} \qquad (6.8)$$

式中，ε 为单轴压应变；ε_{c0} 为弹性极限的压缩应变；λ 为残余强度系数，$\lambda = \dfrac{f_{tr}}{f_{t0}}$。

当元素处于多轴应力状态且其强度满足 Mohr-Coulomb 屈服准则时，可以在最大主应力（最大压应力）的峰值处获得最大主应变（最大压应变）ε_{c0}。

$$\varepsilon_{c0} = \frac{1}{E_0} \cdot \left[f_{c0} + \frac{1 + \sin\varphi}{1 - \sin\varphi} \cdot \sigma_3 - v(\sigma_1 + \sigma_3) \right] \qquad (6.9)$$

式中，v 为柏松比。假设剪切损伤应变只与最大压缩主应变 ε_1 有关。用最大压缩主应变 ε_1 代替式（6.8）中的单轴压应变 ε。则式（6.8）可以延伸为剪切损伤的三轴应力状态，表达式为：

$$D = \begin{cases} 0 & (\varepsilon_1 < \varepsilon_{c0}) \\ 1 - \dfrac{\lambda \varepsilon_{c0}}{\varepsilon_1} & (\varepsilon_1 \geqslant \varepsilon_{c0}) \end{cases} \qquad (6.10)$$

通过上述对损伤变量 D 的推导（其通常称为损伤力学中的损伤演化定律），结合式（6.2），可以计算在不同应力或应变水平下损伤元素的弹性模量。

使用 RFPA-2D 进行模拟时，模型以准静态方式加载，先检查应力场，且那些被施加超过预定强度阈值的元素被假定为不可逆损坏，先使用拉伸应力（或应变）准则来确定元素是否被损坏。如果元素在拉伸模式下没有损坏，则使用 Mohr-Coulomb 屈服准则来确定元素是否在剪切中损坏。

数值分析中，元素损坏时的刚度和强度降低，需在新参数下重新计算模型。当没有更多元素超出对应的平衡应力场和应变场的强度阈值时，才增加下一个载荷增量。在元素超过拉伸极限后，处理图中将出现黑色裂纹。裂纹的模拟类似模糊裂纹模型，即裂纹被涂抹在整个元素上，这极大地简化了裂纹产生、扩展和传播的模拟。

6.3.2 数值建模

6.3.2.1 数值模型中力学参数确定

根据第 2 章的岩体结构面调查与岩体力学参数计算分析结果，上盘围岩、下盘围岩中主要含有两组优势节理，相关参数见表 6.1，研究区域内岩体结构面分布情况如图 6.6 所示。

表 6.1 优势节理组相关参数

节理编号	取向		平均间距	
	倾向（°）	倾角（°）	最大值（cm）	最小值（cm）
1	50~56	61~63	157.3	26.5
2	281~283	80~81	132.4	34.3

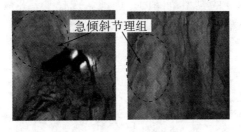

急倾斜节理组

图 6.6 岩体结构面分布情况

计算分析获得的最优节理由几乎正交的急倾斜节理组成，Mahtab、M. Ashraf 指出，近水平节理和两个接近正交的急倾斜节理组最有利于岩体断裂的发展。Vyazmensky、Alexander 等指出，急倾斜节理组控制着顶板岩体冒落传导方向及近地表岩体的岩移发展机制，因此在不影响两组优势节理在数值分析中的重要性的前提下，对模型应进行适当简化，附加一组水平节理来进行模拟，以便呈现更加清晰的岩体冒落发展机制，简化后的 3 组节理倾角分别取 0°、70°、80°。对原位地质条件进行模拟时，模型输入参数、边界条件和尺寸的选择直接决定模拟结果的可靠性。结合现场获得的实际表面沉降范围，模型尺寸应大于该范围。

根据测得的岩体力学参数确定 RFPA－2D 数值模拟中输入的力学参数，先建立数值模型，其几何尺寸与要研究的实际工程问题处于同一数量级，数值模型尺寸为 200m×100m，分为 20000 个有限元网格。在研究中，选择模型的

均匀性指数 $m=3$，根据拟合公式（6.11）和式（6.12）选择模型中输入的相关参数。

$$\frac{f_c}{f_{c0}} = 0.2602 \times \ln m + 0.0233 \quad (1.2 \leqslant m \leqslant 50) \quad (6.11)$$

$$\frac{E}{E_0} = 0.1412 \times \ln m + 0.6476 \quad (1.2 \leqslant m \leqslant 10) \quad (6.12)$$

式中，E_0 和 f_{c0} 分别代表模型中计算输入的弹性模量和强度值；E 和 f_c 分别代表模型的宏观弹性模量和强度值（实测值）。

根据岩体力学参数估算结果，将相关参数值代入式（6.11）、式（6.12），得到数值模型中需要输入的参数值，随后进行单轴压缩数值实验，观察模型峰值强度。由于数值计算具有良好的可操作性，抗压强度和弹性模量的初始值可以在很小的范围内调整，直到获得的峰值抗压强度与实际工程的岩体强度相一致。应该注意的是，模型中使用的节理认为是由较低强度和刚度的"弱材料"构成，因此节理力学参数相对较低。Wong T F 等认为均匀性指数应大于 2.0，但最后落在 2.0~6.0 的典型范围内。因此，选择 $m=3$ 来表征岩体的非均质性。最后，确定数值模拟中的岩体力学参数（表 6.2）。

表 6.2　数值模拟中的岩体力学参数

岩体类型	力学参数						
	m	E (GPa)	f_{c0} (MPa)	f_{t0} (MPa)	v	φ (°)	ρ (kg·m^{-3})
上盘围岩	3	23	82.5	0.5	0.27	46.13	2900
下盘围岩	3	22	77.3	0.5	0.27	45.89	2850
矿体	3	12	47.5	0.3	0.28	38.56	3180
节理	5	1	5.5	0.1	0.32	30.12	1000

6.3.2.2　数值模型构建

研究选择穿过 1 号塌陷坑的 Ⅰ 号勘探线的原位地质结构作为数值模拟研究的模型（忽略小的地表起伏区域），矿体倾角急倾斜近似于垂直，覆盖层高度约 80m，数值分析模型如图 6.7 所示，分析域为 300m×120m，模型分为 36000 个元素的网格。模型顶部边界设置为自由，法向位移约束在右边界、左边界和底边界，模型受其自重应力影响。由于重点研究节理影响下顶板岩体的冒落及岩移机理，在进行数值分析时，为突出岩桥及节理在岩体冒落及岩移发展机制中的重要性，给定节理连续性小于 1，即节理不完全贯通，节理间非穿透区域被认为是岩桥，岩桥一般随机分布在岩层中，节理组间距按照表 6.1 中优势节理组间距分布范围，以 1∶10 的比例进行随机分布，但保证数值模型中的节理平均间距位于该范围内，岩体中结构面的不均匀分布必然导致岩桥长度和位置的不均匀分布。单层矿体开挖高度确定为原浅孔留矿法的两个采矿层高度（每个采矿层高 4m），即单层开挖尺寸为高 8m、长 10m。受数值模型中节理间距设置的影响，每层矿体开挖的总体尺寸大于矿体的实际宽度，为较好地反映岩体冒落及地表发展这一变化过程，这里给定单层矿体的开挖跨度为 50m，每个采矿层通过逐渐去除 90m 深处矿体来进行模拟，共开挖两层，模型以准静态方式加载并达到平衡状态，分析过程假定为平面应变问题。

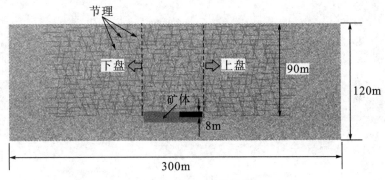

图 6.7　数值分析模型

6.3.3　数值结果分析

6.3.3.1　岩体冒落

第一分层不同开挖距离下的数值模拟结果如图 6.8 所示，整个模拟过程直观显示了裂纹形成、应力演化及损伤发展过程。

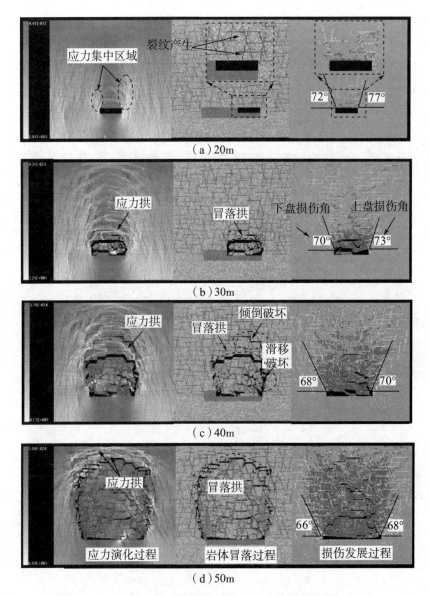

（a）20m

（b）30m

（c）40m

（d）50m

图6.8 第一分层不同开挖距离下的数值模拟结果

开挖初始阶段，空区边帮岩体初始平衡受到扰动，导致应力集中出现在切底的两侧（阴影亮度表示剪切应力的相对大小）。同时，空区顶板岩体在自重下沿节理产生拉伸和剪切裂缝。随着开挖的进行，当跨度达到极限冒落跨度时，拉伸和剪切裂缝沿着节理和完整的岩石桥梁相互连接，顶板岩层破坏开始向采空区崩塌，直至形成近似拱形的稳定结构，近空区顶板岩层主要发生拉伸损伤，这是导致岩体冒落的主要原因。在该过程中，剪切损伤继续沿节理向上扩展［图 6.8（b）］。随着冒落的持续，两侧边壁岩体显示出不同的冒落机制，受节理分布的影响，底部的边壁岩体主要沿节理面发生滑移破坏，加剧了下盘岩体的损伤发展程度，随着岩体冒落向上部传导，逐渐变成倾倒破坏，这一破坏过程的转变使损伤的发展更有利于向上盘侧延伸［图 6.8（c）］。在形成自稳结构的拱形岩体上方会出现一个或多个明显的应力拱（该区域呈现更亮的颜色）。

岩体冒落主要由拉伸损伤所致，而应力拱的存在使空区顶板岩体呈现出拱形冒落，如果不再继续扩大采矿尺寸，顶板岩层将进入缓慢冒落期。继续扩大采矿跨度，原应力平衡拱必然遭受破坏，迫使应力拱的平衡支撑点继续向上移动，此时随着应力拱的破坏，其所在部位的岩体将会继续崩塌，这时顶板岩层进入快速冒落期，当冒落线向上发展并接近新产生的应力拱时，其将再次进入缓慢冒落期，而拱形冒落的发展趋势更加明显。同时，当应力拱发展接近地表时，在地表会形成小的沉降区域（需要注意地表可能突然塌陷），但顶板岩层不会完全坍塌，边壁岩体保持稳定［图 6.8（d）］。在整个模拟过程中，顶板岩体的冒落进程主要呈现周期性变化特征，即缓慢—快速冒落交替发展，最终地表发生沉降，这与夏开宗等通过现场监测得到的岩体冒落发展机制基本一致，进一步验证了该数值分析结果的可靠性。

6.3.3.2　地表岩移

第二分层不同开挖距离下的数值模拟结果如图 6.9 所示。当顶板岩体冒落发展至地表时，应力拱基本消失，在地表形成了明显的沉降凹槽（塌陷坑），拉伸和剪切破坏完全发展到地表，沉降在开采中心较大，向两侧逐渐减小［图 6.9（a）］。观察到不同的开挖进程，上盘边壁岩体的应力集中比下盘更明显，这导致上盘不稳定的发展，加速了上盘边壁岩体的破坏和冒落，该区域内的表面扰动是由应力场变化引起的，此时近地表岩体的破坏模式主要为倾倒破坏［图 6.9（b）］。随着进一步开挖，边壁非稳定区域的岩体发生分离和破坏，导致地表沉降范围和边壁岩体内部损伤发展继续扩大，在近塌陷坑区域可能会形成一条或多条地表裂缝，这时损伤扩展主要出现在上盘侧［图 6.9（c）］。本分层开采结束后，上下盘两侧近地表边壁岩体都发生明显的倾倒破坏，其下部岩体主要发生滑移破坏，且拉伸损伤沿上盘边壁迅速增加，损伤角由 55°减小为 50°［图 6.9（d）］。分析结果表明，岩体结构影响下的地表岩移发展主要受岩体倾倒破坏的影响，在两组急倾斜节理中，相对较缓的节理有利于倾倒破坏的发展，而相对较陡的节理更有利于滑移破坏的发展，这也是损伤沿上盘侧迅速增加的主要原因，在数值分析中，损伤角是根据拉伸损伤的发展来确定的。

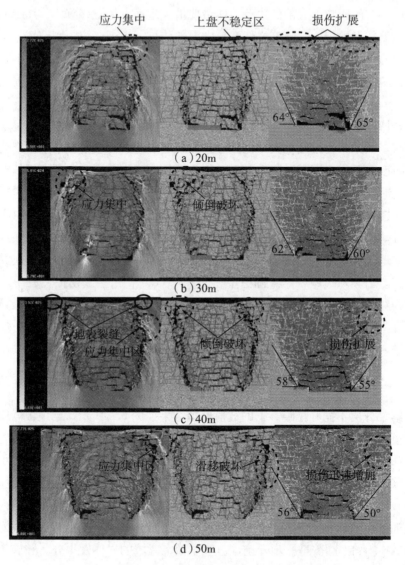

图 6.9　第二分层不同开挖距离下的数值模拟结果

　　沉降槽一般用于评估采矿引起的地表沉降程度，是反映地表沉降程度的重要指标，一般地表的沉降范围要大于井下采场开采范围。第二分层不同开挖距离下的地表沉降模拟结果如图 6.10 所示。沉降槽（塌陷坑）的深度随着开挖距离的增加而增加，最大沉降值出现在开采矿体中心区域附近。距中心区域的距离越远，沉降量逐渐减少，当开挖距离超过 40m 时，沉陷中心向上盘发生偏转，导致上盘地表沉降发展速率高于下盘，同时上、下盘边壁岩体呈现出不对称沉降发展特征，这一变化过程与现场监测的 4 号塌陷坑周边地表沉降变化趋势基本一致。值得注意的是，获得的最大沉降值约为 276.4cm，与现场监测的沉降值存在一定偏差。其原因是开采的时间效应；二是数值分析中未考虑岩体冒落的碎胀效应，这可能是导致更大的数值沉降结果的主要因素。现场监测的沉降及水平位移的变化情况是在塌陷坑已经存在一定时间的基础上进行的，基于数值分析结果，这一监测时期应该是在沉降中心已经发生偏转的阶段，因此获得的地表沉降特征基本与现场监测结果相同，可以更好地解释现场岩体冒落及地表沉降发展机制。

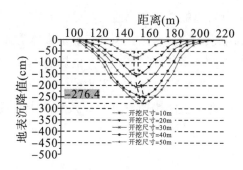

图 6.10　第二分层不同开挖距离下的地表沉降模拟结果

6.3.4　岩体冒落及岩移机理分析

基于数值模拟分析结果，顶板岩体在冒落过程中，裂纹的产生及发展主要沿着急倾斜节理延伸到完整的岩桥中，首先在近空区顶板围岩中派生出拉应力，其次在拉应力发展区域上方派生出剪应力，拉应力主要控制岩体的冒落进程，而剪应力主要控制岩移的发展方向，在拉伸裂纹完全贯通之前，顶板岩层不会发生冒落。一旦顶板岩层中的拉伸裂纹相互贯通，该区域内的应力集中强度将被释放，顶板岩体将发生冒落，随后在冒落区域上方将会形成明显的应力拱（呈现较亮颜色的区域），岩体由快速冒落转变为缓慢冒落。开采中当一个或多个关键岩桥被破坏时，应力拱也将立即断裂，岩体冒落继续向上部发展，这时近空区边壁岩体主要沿着节理组发生滑移破坏，而冒落区内的岩体主要沿着急倾斜节理发生倾倒破坏。随着采矿的进行，应力拱反复形成与消散，并不断向上发展。当最后一个应力拱被破坏时，顶板岩层冒落到地表，形成明显的沉降槽（塌陷坑）。在整个过程中，岩体表现为缓慢—快速冒落周期性交替进行。了解开采过程中岩体冒落机理对准确预测地表沉降与岩移发展具有重要意义，它为合理调整井下开采顺序提供依据，并提出相应的防范措施，为矿山安全开采、地表环境和工业设施保护提供保障。

在地表沉降数值研究中，将损伤角应用到岩移机理分析中，不同采矿层与开采距离下的损伤角分布曲线如图 6.11 所示。所有损伤角数据均来自数值分析模型，每一个点对应不同的模型，可以发现岩体在冒落及后续的沉降过程中，损伤角随着开采距离的增加而逐渐减小。值得注意的是，在第一分层，上盘的损伤角总是大于下盘的损伤角，随着开采距离的增加，角度差值减小，表明在这个阶段，下盘岩体受到很大影响。随着开采距离的增加，这种效果逐渐减小。由于应力拱的存在，地表没有明显的下沉。对第二分层进行开挖后，破坏角度发生偏转，上盘岩体的破坏和崩落逐渐起主要作用，开采初期沉陷槽基本上位于开采矿体的中心部位，这是在节理影响下岩体滑移和倾倒破坏共同作用的结果；开采中期阶段，受急倾斜节理分布的影响，上盘的破坏发展速度高于下盘，当达到一定开采距离后，损伤角发生偏转；开采后期阶段，上盘损伤角急剧降低（拉伸损伤在上盘侧快速发展）导致沉陷中心逐渐向上盘侧移动，不再位于开采矿体的中心部位。

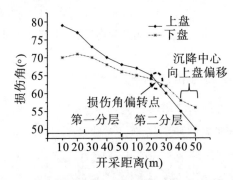

图 6.11 不同采矿层与开采距离下的损伤角分布曲线

综上所述，岩体结构（节理）和采矿距离是导致不同采矿阶段呈现出不同沉降机制的两个重要因素，其中相对较缓的节理有利于倾倒破坏，而相对较陡的节理更有利于滑移破坏，因此在开采后期阶段，以倾倒破坏为主的地表沉降值在上盘要高于下盘。随着采矿导致边壁围岩承载能力的下降，地表岩移及沉降范围将进一步加大，这在现场监测结果中已经得到证实，同时在上盘表面可能会发生大规模的沉降或者塌陷。因此，从绿色安全开采角度出发，以保护竖井、地表环境与工业设施为基础，应采取措施控制地表塌陷及岩移的发展。

6.4　地表塌陷与岩移控制方法

目前，锡林浩特萤石矿受原浅孔留矿法开采的影响，在地表形成了 4 个不同规模的塌陷坑，其中靠近副井一侧的 1 号塌陷坑进行了部分充填，而其余 3 个塌陷坑没有被充填。基于现场岩移监测与数值分析结果，地表塌陷范围及岩移处于动态发展阶段，且塌陷坑上盘边壁围岩有出现大规模塌陷的风险，在破坏草原环境的同时，也对地表工业设施构成了严重威胁。基于前述临界散体柱作用机理及影响因素研究成果，向塌陷坑充填废石，保证废石充填散体的高度满足临界散体柱高度要求（不同塌陷坑所需临界散体柱高度值见表 4.1），可以有效提高边壁围岩的稳定性，是控制地表塌陷与岩移发展的有效措施。基于此，研究提出井下治理采空区与地表向塌陷坑充填废石协同进行的地表岩移控制方法。

6.4.1　地表塌陷坑充填安全性分析

通过对地表塌陷坑分布范围进行地质测量，塌陷坑的分布宽度达 14.5～35.0m，长度约 19～55m，该分布宽度与长度对塌陷坑边壁岩体变形及破坏的发展提供了条件。随着井下出矿及不稳固顶板冒落的影响，塌陷坑内的散体处于流动状态，基于散体结拱实验研究成果，该塌陷坑内的废石散体能够保持良好的流动性，不会发生结拱现象。为保障充填废石散体的安全可行性，需对充填废石散体是否会发生大量下移及充填过程中边壁围岩是否会发生显著片帮冒落造成陷落危害进行安全性验证。

塌陷坑充填散体会随着矿石回采及顶柱的冒落持续下移，根据随机介质放矿理论研究成果，散体最大下移速度与散体堆积高度的关系式如下：

$$v_{\max} = \frac{Q}{\pi \beta H^{\alpha}} \tag{6.13}$$

式中，$v_{\max}$ 为散体最大下移速度；α、β 为散体流动参数；H 为散体堆积高度，m；Q 为出矿口散体放出体积，m^3。

锡林浩特萤石矿 1 号塌陷坑规模最大，塌陷坑内散体堆积高度约 100.2m，当预留顶柱自然冒落时，即使冒落规模不大，对散体下移程度的影响也是最大的。综合考虑顶柱厚度、空区内散体堆积情况及矿岩散体的碎胀系数等因素，顶柱崩落或者冒落后，其上部散体的下移高度约 12m，矿石散体的等价放出量计算式如下：

$$Q = \frac{\pi \beta L^{\alpha+1}}{\alpha+1} \qquad (6.14)$$

式中，L 为散体下移高度，m。

根据散体流动参数实验结果，$\alpha=1.562$，$\beta=0.283$，同时将 $L=12$m 代入式（6.14），得到等价放出量 Q 为 201.8 m³。将 $Q=201.8$m³、$H=100.2$m 及 α 和 β 代入式（6.13），得到塌陷坑上表面散体的最大下移量为每次 17m。根据计算结果可知，塌陷坑内散体的一次最大下移量对塌陷坑充填作业人员及设备不会构成威胁。

对塌陷坑进行充填的另一个潜在威胁是塌陷坑边壁围岩发生片帮冒落，造成设备及人员陷落。根据矿岩稳定性的分析结果，边壁围岩属于中等稳固，具有良好的稳定性。目前，塌陷坑未被充填的最大深度不足 15m，结合临界散体柱作用机理，在保证塌陷坑内散体现有堆积高度不变的情况下，塌陷坑内散体的主动与被动侧压力可以为边壁围岩提供较大的侧向支撑力。受临界散体柱存在的影响，边壁围岩已经处于稳定状态，不会发生大规模侧向片落危害。综上所述，通过向塌陷坑进行废石充填的方法是安全可行的。

6.4.2　充填废石散体对塌陷坑边壁岩移的控制作用分析

根据前述临界散体柱作用机理研究成果，塌陷坑内散体柱主要分为底部松动散体柱、中部压实散体柱与上部临界散体柱三部分，向塌陷坑进行散体补充充填前后充填废石散体对塌陷坑边壁岩移的控制作用如图 6.12 所示。

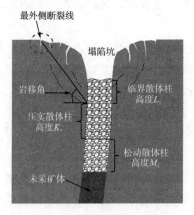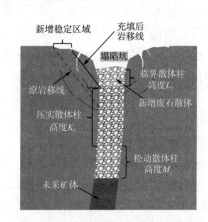

（a）未进行散体补充充填　　　　　（b）进行散体补充充填后

图 6.12　充填废石散体对塌陷坑边壁岩移的控制作用

对塌陷坑进行散体补充充填后，底部松动散体柱不受新增废石散体的影响，松动范围主要受井下放矿影响，即 $M_1=M_2$；中部压实散体柱高度将发生显著改变，散体堆积高度的增加增强了压实散体柱的有效作用高度，使原临界散体柱作用区内的部分散体转变为压实散体柱，增强了对边壁围岩变形的限制作用，此时压实散体柱高度较充填前明显增加，即 $K_2>K_1$；塌陷坑内废石散体的增加提高了临界散体柱的位置高度，在与压实散体柱的共同作用下，保障了塌陷坑边壁围岩的稳定性，使塌陷坑最外侧部分的原非稳定区（岩移发展区）转变为稳定区域［图 6.12（b）］，实现对地表塌陷及岩移的有效控制。根据临界散体柱影响因素分析结果，充填散体高度的增加减小了"厚跨比"值，此时尽管增加了临界散体柱的位置高度，但临界散体柱的实际高度较充填前应该有所减小，即 $L_2<L_1$。综合分析，向塌陷坑充填散体更有利于提高塌陷坑边壁岩移区域内岩体的稳定性。

6.4.3　地表塌陷坑充填与井下崩落矿柱处理空区协同方法

在竖井稳固技术研究中，应用模糊数学优选理论提出了顶柱崩落＋充填相结合的采空区治理方法。在未对地表塌陷坑进行有效充填的前提下，突然大规模的崩落顶柱造成塌陷坑内散体迅速下移，这时散体的堆积高度可能无法满足塌陷坑边壁稳定所需的临界散体柱高度要求，使边壁岩体的稳定性降低，若不对塌陷坑进行充实的充填，长期暴露的边壁岩体随着稳定性的降低，可能会发生片帮冒落风险，造成设备及人员陷落危害，为避免这种风险的发生，需要协同调节井下采空区治理与地表塌陷坑充填作业进程。主要方法为：首先对地表存在的 4 个塌陷坑进行充分充填，尽量保证充填散体的堆积高度高出地表一定范围，这样使临界散体柱的位置高度尽可能多地向上移动，在保证边壁围岩充分稳定的前提下，再对井下需要崩落的部分顶柱进行顺序渐进崩落；在崩落过程中，要时刻监测地表塌陷坑内散体的下移情况，当一次下移量较大时，要对塌陷坑进行及时补充充填，充填废石散体主要来自井下采出的废石，经现场调研废石散体较为充足，如果充填过程中发现废石存留量不足，可以适当掺杂筛分出来的小块废石进行充填。这样保证在井下采空区治理过程中，塌陷坑内废石散体始终满足临界散体柱高度要求，通过采用井下崩落与地表废石充填协同作业的方法，处理采空区并保障塌陷坑边壁岩体的稳定性，对地表塌陷范围及岩移的发展实现有效控制。

6.4.4　塌陷坑安全充填方法

由于地表塌陷坑所在位置存在一定厚度的第四系土层，为防止卡车进行充填作业时受土体松散影响而陷入塌陷坑中，在进行塌陷坑充填之前，应将塌陷坑周边充填路线上的表土层去除，直到基岩层为止，对充填路线进行压实平整后再进行充填作业。塌陷坑按方位一般分为垂直走向与沿走向两个方向，其中，垂直走向又分为上盘与下盘，根据现场岩移监测与数值分析结果，塌陷坑上盘边壁受岩移影响的程度较为明显。在沿走向上，位于塌陷坑边壁相对稳定的地表以下受开采影响，可能存在一定高度的采空区，因此在选择充填方案时应特别注意这个问题，不能先在沿走向上进行充填；在垂直走向上，塌陷坑的下盘相对稳定，可以作为首选的充填方位。因此，可以采用垂直走向与沿走向协同排岩的方法充填地表塌陷坑。

塌陷坑废石充填方法如图 6.13 所示，充填路线上的表土层去除后，首先选择垂直走向下盘进行充填，随着充填废石散体堆积高度的增加，利用散体提供的侧压力可以有效增强上边壁岩体的稳定性。当充填废石散体堆积一定高度后，开始从上盘侧对塌陷坑进行充填，利用上、下盘塌陷坑边壁共同受到的散体挤压作用，边壁稳定性会进一步加强，当充填散体最大位置高度到达地表的塌陷坑边壁时，塌陷坑内的散体已经可以对沿走向上位于近塌陷坑位置的底部空区实施有效充填，此时在沿走向上开始对塌陷坑进行充填，这样双向充填作业协同进行，有利于提高塌陷坑内充填散体对边壁的侧压力，使充填作业更加安全，且对地表塌陷及岩移的控制效果也更加明显。

图 6.13　塌陷坑废石充填方法

塌陷坑充填过程如图 6.14 所示，首先对塌陷坑下盘侧进行开口，开凿出一条充填专用通道，并对通道进行平整压实，防止在充填过程中因道路不平整导致边帮土层崩塌使卡车陷入塌陷坑。场地平整后在塌陷坑端部的安全范围内设置一定高度的散体挡墙，作用是卡车在进行倒车充填作业时可以安全倒停至指定位置，卡车通过液压支杆将车厢内的废石散体倒入塌陷坑中，充填作业循环进行，直到塌陷坑被充分填充。

图 6.14　塌陷坑充填过程

第7章　现场工程实践

针对急倾斜中厚矿体开采，锡林浩特萤石矿现场应用了根据临界散体柱支撑理论提出的竖井保安矿柱优化方法及地表岩移控制技术，将研究提出的高端壁放矿条件采矿方法在井下采场进行了工业试验，均取得了良好的应用效果。

7.1　矿柱优化后矿量释放

采用全新的竖井保安矿柱优化方法后，针对六中段以上原保安矿柱圈定的矿体可释放矿量约 13.4 万吨，目前矿山探得可开采矿石的储量已延深至十一中段。按照原保安矿柱优化方法，该中段水平矿体全部位于保安矿柱范围内，无法开采，而按照优化后的保安矿柱进行圈定，释放的可采矿量所带来的经济效益巨大，保安矿柱优化后深部矿体释放矿量如图 7.1 所示。

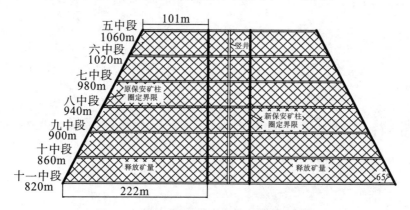

图 7.1　保安矿柱优化后深部矿体释放矿量

释放矿量 Q 的计算式如下：

$$Q = \gamma hd(L_1 + L_2) \tag{7.1}$$

式中，h 为矿体埋深高度，m；d 为矿体垂直厚度，m；L_1 为矿柱顶端释放矿体走向长度，m；L_2 为矿柱底端释放矿体走向长度，m；γ 为矿石容重，kg/m^3。

根据勘探结果，深部矿体部分变窄，因此矿体的平均厚度 $d=5m$，矿柱顶、底端释放矿体走向长度 $L_1=101m$、$L_2=222m$，矿体埋深高度 $h=240m$，矿石容重 $\gamma=3.18\times10^3\ kg/m^3$，将上述参数代入式（7.1），得到释放矿量约 123 万吨，加上原释放的矿柱矿量 13.4 万吨，采用保安矿柱优化方法后，共释放矿量 136.4 万吨，一方面延长了矿山服务年限，另一方面也为矿山带来了巨大的经济效益。目前，随着井下开采的进行，通过现场勘查，始终保证近副井一侧的 1 号塌陷坑充填散体高出地表一定高度，竖井运行良好，未发生井筒变形或者错动等状况，证明基于临界散体柱支撑理论的竖井保安矿柱优化方法是安全可靠的。

7.2 现场工业试验与经济效益分析

7.2.1 工业试验效果

高端壁放矿条件采矿方法的提出并试验的时间为 2016 年 7—10 月，矿山主要回采五中段，六中段采准基本完成。为了验证新采矿方法的应用效果，在六中段选择有代表性的采场进行了工业试验，采场结构参数、炮孔及沿脉回采进路位置严格按照设计要求进行布置，相关管控措施严格按照要求执行，采矿安全作业条件、开采成本及矿石回收率与贫化率是衡量采矿方法是否合理的重要标准。

在崩矿回采过程中，对试验采场每个班次的出矿情况进行跟踪统计，试验采场共爆破了 25 排炮孔，设计崩落矿石量 1.43 万吨。由于采场顶部为空场条件，因此出矿过程中需预留一定厚度的散体安全垫层。统计矿石的回收量 1.28 万吨，回收率约 89.51%，贫化率约 10.20%，而原浅孔留矿法的采场回收率 82.01%，贫化率约 14.89%（矿山提供）。与原浅孔留矿法开采相比，回收率提高了 7.5%，贫化率降低了 4.69%，工作人员在穿脉进路进行矿石铲装与运输作业时，采场作业条件安全，崩落矿石块度分布情况如图 7.2 所示，崩落矿石块度良好，大块产出率较低。

图 7.2　崩落矿石块度分布情况

　　通过对试验采场应用情况进行总结分析，发现该方法能够有效提高矿石的回收率，降低矿石的贫化率，可为采场创造安全的作业条件，施工简单、管理方便。由于矿石节理裂隙较为发育，采用中深孔爆破的崩落矿石块度良好，大块产出率较低，可以满足矿山安全高效开采的需求。由于在应用试验过程中，主要对高端壁放矿矿石的回采指标及采场作业条件进行了分析，采场还没有进行充填作业，因此在后续研究中期望对采场充填情况进行跟踪调查，研究充填体的力学性能，并对充填体配比进行优化改进，以获得最佳的充填效果。

7.2.2　经济效益分析

　　锡林浩特萤石矿采出矿石主要分为两个部分进行销售：一部分是品位达到 70%～90% 的矿石，称为块矿，该部分矿石不需要经过选矿工艺，可以直接销售或破碎后销售；另一部分则是品位低于 70% 的矿石，该部分矿石需要经过选矿工艺，选出品位达到 97% 的精矿粉进行销售。

　　因此，应用高端壁放矿嗣后充填法开采后进行经济效益分析时，采矿成本是按照精矿成本、块矿成本、辅助成本、充填成本与掘进成本等五大项进行计算的，这五项成本包含井下采矿综合成本（崩矿、出矿、运输、提升等成本）与选矿综合成本（地表运输、破碎、选矿等成本）。主要采矿成本见表 7.1。

表 7.1　主要采矿成本

序号	成本名称	成本费用	单位	备注
1	精矿成本	733.61	元/t	
2	块矿总成本	284.31	元/t	
3	辅助成本	196.28	元/t	

序号	成本名称	成本费用	单位	备注
4	精矿完全成本	929.89	元/t	精矿成本与辅助成本之和
5	胶结充填成本	23.73	元/t	吨矿
6	全尾砂充填成本	8.92	元/t	吨矿
7	掘进成本	375.00	元/m³	
8	挑顶成本	100.00	元/m³	

尾砂胶结充填体单位成本见表 7.2。

表 7.2　尾砂胶结充填体单位成本

序号	成本项目	计算单位	单位成本			备注
			单位用量	单价（元）	金额（元）	
一	材料费用				63.358	
1	水泥	t/m³	0.1505	350	52.675	均价
2	尾砂	t/m³	1.204	7	8.428	
3	充填管道	m/m³	0.003	85	0.255	均价
4	充填隔墙	架/m³	0.001	1000	1.000	
5	其他	元/t			1.000	
二	动力费				8.025	
1	油	kg/m³	0.005	9	0.045	
2	电	kW·h/m³	10.500	0.76	7.980	
三	工资及附加	元/m³			4.100	
四	充填直接成本	元/m³			73.213	料浆成本
五	吨矿充填直接成本	元/t			23.020	
六	折旧费	元/m³			0.150	
七	大修费	元/m³			0.600	
八	修理费	元/m³			1.500	
九	充填成本	元/m³			75.463	料浆成本
十	吨矿充填成本	元/t			23.730	

原矿分类及单价见表 7.3。

表 7.3　原矿分类及单价

名称	采出原矿		
品位	<70%	≥70%	
		70 矿块	90 矿块
所占比例（%）	94.9	2.3	2.8
采选比	3.3∶1（精粉）	—	—
单价（元/t）	1300	800	1500

本次经济效益分析主要针对正在采准的六中段与七中段的矿石储量及采准情况，高端壁放矿嗣后充填法主要采准工程量见表 7.4，高端壁放矿嗣后充填法回采指标见表 7.5。

表 7.4　高端壁放矿嗣后充填法主要采准工程量

工程名称	断面规格	断面积（m²）	长度（m）	数量	总长度（m）	工程量（m³）
脉内沿脉巷	2.8m×2.8m	7.84	420	4	1680	13171.2
切割井	2.0m×2.0m	4.00	56	9	504	2016.0
回风井	2.0m×2.0m	4.00	80	2	160	640.0
穿脉巷	2.8m×2.8m	7.84	9	78	702	5503.7
脉外运输巷	2.8m×2.8m	7.84	420	2	840	6585.6
充填斜井	1.5m×1.5m	2.25	12	9	108	243.0
总计	—	—	997	104	3994	28159.5

表 7.5　高端壁放矿嗣后充填法回采指标

矿石储量（万吨）	采出矿量（万吨）	损失矿量（万吨）	回采率（%）	损失率（%）	贫化率（%）
48	42.79	5.61	89.14	10.86	10.00%

结合以上相关数据，得到采用高端壁放矿嗣后充填法开采六中段与七中段（一个阶段）的经济效益，见表 7.6。

表 7.6　经济效益

采准费用 （万元）	采矿总成本 （万元）	全尾砂充填 费用（万元）	胶结充填 费用（万元）	崩落矿石产出 价值（万元）	盈收效益 （万元）
223.15	11946.63	267.87	253.24	19169	6478.11

通过经济效益分析，采用该采矿方法开采一个阶段水平创造的经济效益约 6478.11 万元，经济效益显著，加之现场工业试验效果良好，故可以在矿山进行推广应用，同时也可为类似矿岩开采条件的矿山开采提供借鉴。

7.3　地表塌陷与岩移控制效果

经过近一年时间的充填作业，地表存在的 4 个塌陷坑均已被充填，塌陷坑范围没有再进一步扩展，地表岩移也得到了有效控制。其中，近副井的 1 号塌陷坑与 2 号塌陷坑的充填效果如图 7.3、图 7.4 所示。1 号塌陷坑完全被填实，在其上面形成了高约 4m 的充填散体堆，塌陷坑两侧没有出现明显的断裂线，塌陷范围基本没有变化，岩移控制效果非常明显，表明临界散体柱已经充分发挥作用；2 号塌陷坑也已经被填实，在塌陷坑表层用黄土加以覆盖，随着井下采矿的进行，塌陷坑略有下沉，但未出现较大规模的沉降情况，周边断裂线没有再发育。

图 7.3　1 号塌陷坑充填效果

图 7.4　2 号塌陷坑充填效果

3号塌陷坑与4号塌陷坑的充填效果如图7.5、图7.6所示。3号塌陷坑已被填实，在塌陷坑的上盘边壁存在一条明显的断裂线，经分析该断裂线应为塌陷坑充填后，其内部活动散体经过一段时间压实后，由上盘向下盘发生细微的错动而产生的，该断裂线位置应为原塌陷坑的边壁，压实后的塌陷坑表面平整，并且已经有植被长出，塌陷范围没有明显变化；4号塌陷坑同样被填实，在塌陷坑表层覆以黄土，表面略有下沉，在塌陷坑边缘可以观察到两条明显的断裂线，塌陷范围无明显变化。

图7.5　3号塌陷坑充填效果

图7.6　4号塌陷坑充填效果

通过对塌陷坑的充填情况进行调查，发现2号与4号塌陷坑表面出现了轻微的沉降情况，说明其下部的废石散体仍然处于活动状态。由于井下开采中在阶段顶部预留了顶柱，因此发生这种沉降现象的主要原因是塌陷坑内的散体受采动或者地质因素的影响，在逐渐沉实的过程中散体间产生空隙，导致上部散体向下发生移动，最终在地表形成轻微的沉降，随着散体的沉实，这种沉降也将终止，并不会出现大规模的沉降或者塌陷灾害。从安全角度考虑，应在已充填的塌陷坑周围设置安全防护网及警示标志，目前正根据塌陷坑下沉情况进行适时补充充填。总之，研究提出的地表塌陷与岩移控制方法在现场应用中取得了良好的控制效果，可在类似条件的矿山开采中推广应用。

参考文献

[1] 李占海，朱万成，冯夏庭，等. 侧压力系数对马蹄形隧道损伤破坏的影响研究 [J]. 岩土力学，2010，31（S2）：434−441.

[2] 王元战，李珊珊，李新国. 挡土墙被动土压力分布与被动侧压力系数 [J]. 中国港湾建设，2006（4）：9−12.

[3] 戴兴国，古德生. 散体中侧压系数的理论分析与计算 [J]. 有色金属工程，1992（3）：21−25.

[4] 陈长冰. 筒仓内散体侧压力沿仓壁分布研究 [D]. 合肥：合肥工业大学，2006.

[5] 王元战，李新国，陈楠楠. 挡土墙主动土压力分布与侧压力系数 [J]. 岩土力学，2005，26（7）：1019−1022.

[6] Г. K. 克列因. 散体结构力学 [M]. 陈万佳，译. 北京：中国铁道出版社，1983.

[7] 李昌宁. 矿岩散体的非均匀度与放出安息角关系的研究 [J]. 矿业研究与开发，2002，22（2）：11−13.

[8] 刘欢，任凤玉，何荣兴，等. 模拟矿岩散体的 PFC 细观参数标定方法 [J]. 金属矿山，2018，47（1）：37−41.

[9] 任凤玉，宋德林，李海英，等. 弓长岭铁矿高落差端部矿体安全开采技术研究 [J]. 金属矿山，2014，32（10）：1−4.

[10] Janssen H A. Versuche Über gereidedruck in silozellen（experiments about pressure of grain in silos）[J]. VDI Zeitschrift（Düsseldorf），1895，8（31）：1045−1049.

[11] 陈喜山，朱卫东. Janssen 公式的拓广与应用 [J]. 土木工程学报，1996（5）：11−17.

[12] 梁旭坤. FG500T 双锥粉料罐力学特性有限元分析及结构改造研究 [D]. 长沙：中南大学，2006.

[13] 张磊. 曲线挡墙散粒体主动侧压力分析及筒仓实践 [D]. 长沙：中南

大学，2009.

[14] 陈喜山. 古典杨森散体压力理论的拓展及采矿工程中的应用 [J]. 岩土工程学报，2010，32 (2)：315−319.

[15] 刘洋，任凤玉，何荣兴，等. 基于放矿下临界散体柱理论的地表塌陷范围预测 [J]. 东北大学学报（自然科学版），2018，39 (3)：416−420.

[16] 郑建明，任凤玉，唐烈先. 西石门铁矿散体临界深度预测与地表陷落范围控制 [J]. 采矿与安全工程学报，2014，31 (4)：631−634.

[17] 王宏伟，王志方. 用"安全深度"对竖井矿柱的圈定与开采 [J]. 化工矿物与加工，1994 (5)：12−15.

[18] 姜岳，张洪训，王方方，等. 黄金矿山回收保护矿柱引起的竖井变形预计 [J]. 金属矿山，2017 (10)：159−162.

[19] 李锡润，宫庆福. 竖井安全矿柱回采的研究 [J]. 有色金属（矿山部分），1995 (2)：24−27.

[20] 王劼，王洪江，陈小平. 高水速凝废石浇注充填试验及充填特性 [J]. 中国矿山工程，2003，32 (3)：6−8.

[21] 张世玉. 小官庄铁矿北区充填采矿试验研究 [D]. 沈阳：东北大学，2013.

[22] 孟繁华，石长岩. 金属矿山深部开采若干问题及思考 [J]. 有色矿冶，2017，33 (5)：11−13.

[23] 马凤山，邓清海，陈德信，等. 采动影响下金川二矿区 14 行风井变形破坏机制探讨 [J]. 工程地质学报，2009，17 (6)：769−779.

[24] 李长根. 澳大利亚蒙特艾萨锌−铅−银−铜矿山 [J]. 矿产综合利用，2012 (5)：64−69.

[25] 盛平，于广云，王立波. 梅山铁矿盲竖井破坏机理及防治 [J]. 梅山科技，2003 (2)：49−51.

[26] 李文秀，赵胜涛，梁旭黎，等. 鲁中矿区地下开采对竖井井塔楼的影响分析 [J]. 岩石力学与工程学报，2006，25 (1)：74−74.

[27] 袁义. 地下金属矿山岩层移动角与移动范围的确定方法研究 [D]. 长沙：中南大学，2008.

[28] 唐辉明，晏同珍. 岩体断裂力学理论与工程应用 [M]. 武汉：中国地质大学出版社，1993.

[29] 郑永学. 矿山岩体力学 [M]. 北京：冶金工业出版社，1988.

[30] 谢桂华，张家生，尹志政. 基于随机介质理论的采水地面变形时空分布

[J]. 岩土力学，2010, 31 (1)：282−286.

[31] Pariseau W G, Johnson J C, Mcdonald M M, et al. Rock mechanics study of shaft stability and pillar mining, homestake mine [J]. Report of Investgations, 1994 (6)：1−28.

[32] Johnson J C, Orr S A. Rock mechanics applied to shaft pillar mining [J]. International Journal of Mining and Geological Engineering, 1990 (8)：385−392.

[33] 周勇, 贺应来. 南矿地表移动变形影响及保安矿柱开采安全分析 [J]. 湖南有色金属，2012, 28 (5)：1−6.

[34] 赵兴东, 李元辉, 刘建坡. 红透山铜矿采场矿柱破裂过程的数值模拟 [J]. 金属矿山，2012, 41 (9)：5−8.

[35] 王洪江, 路东尚, 熊伟, 等. 竖井保安矿柱回收试验研究 [J]. 黄金，2002, 23 (5)：15−19.

[36] McMullan J, Bawden W F, Mercer R. Excavation of a shaft destress slot at the newmont Canada golden giant mine [J]. Gulf Rocks 2004, the 6th North America Rock Mechanics Symposium (HARMS), 2004 (5)：5−9.

[37] Bruneaua G, Tylerb D B, Hadjige O J, et al. Influence of faulting on a mine shaft a study：Part Ⅰ—background and instrumentation [J]. International Journal of Rock Mechanics Mining Sciences, 2003, 40 (1)：95−111.

[38] 阿戈柳科夫, 房俭生. 明佳克矿竖井保安矿柱回采的经验 [J]. 矿业工程，1995 (11)：32−36.

[39] 高志国, 徐铁军, 杜建华, 等. 保安矿柱回采诱发地表变形规律数值模拟分析 [J]. 现代矿业，2013, 29 (1)：45−48.

[40] 宋卫东, 陈志海, 郭廖武, 等. 程潮铁矿保安矿柱控制开采相似模拟实验研究 [J]. 矿业研究与开发，2009 (4)：1−4.

[41] 吴爱祥, 于少峰, 韩斌. 基于尖点突变理论的水平矿柱稳定性研究 [J]. 矿业研究与开发，2016 (12)：40−46.

[42] 杨清平, 陈顺满, 王贻明. 基于未确知测度理论的保安矿柱安全性评价 [J]. 铜业工程，2017 (6)：15−19.

[43] 江文武, 徐国元, 李国建. 金川二矿区 16 行保安矿柱回采可行性研究 [J]. 金属矿山，2012, 41 (7)：35−37.

[44] 刘志新，陈顺满，贾琪. 某铜矿深部开采过渡区保安矿柱厚度优化研究 [J]. 化工矿物与加工，2016 (11)：54—58.

[45] 周勇，贺应来. 南矿地表移动变形影响及保安矿柱开采安全分析 [J]. 湖南有色金属，2012，28 (5)：1—6.

[46] 朱浮声. 数值分析在确定竖井保安矿柱与回采方案中的应用 [J]. 岩石力学与工程学报，1992，11 (2)：161—161.

[47] 宋德林，任凤玉，祁建东，等. 西石门铁矿北区斜井保安矿柱圈定优化 [J]. 金属矿山，2016，45 (4)：13—15.

[48] 唐湘华. 锡矿山锑矿保安矿柱安全开采技术研究与应用 [J]. 湖南有色金属，2015，31 (1)：5—7.

[49] 张洪训，刘溪鸽，关凯，等. 新城金矿竖井保安矿柱的三维圈定与模拟回采 [J]. 金属矿山，2017 (3)：19—24.

[50] 郑新华. 地表塌陷伤亡事故原因分析及预防研究 [J]. 安全，2005，26 (6)：21—22.

[51] 刘春增. 一矿事故何以殃及一片——邢台石膏矿区 "11·6" 特别重大坍塌事故分析 [J]. 劳动保护，2007 (9)：98—99.

[52] 李俊平，赵永平，王二军. 采空区处理的理论与实践 [M]. 北京：冶金工业出版社，2012.

[53] Jones C J F P, Speneer W J. The implieation of mining subsidence for modern highway structure, large greunel movements and structures proeeedings [D]. Cardiff：University of Wales Cardiff, 1977.

[54] Sergeant S M. Highway damage, due to subsidence [J]. MIS, 1988 (2)：18—32.

[55] Jia H W, Yan B X , Yilmaz E A. Large goaf group treatment by means of mine backfill technology [J]. Advances in Civil Engineering, 2021, 27 (7)：1—19.

[56] Xiao C, Zheng H C, Hou X L, et al. A stability study of goaf based on mechanical properties degradation of rock caused by rheological and distbing loadsur [J]. 矿业科学技术学报（英文版），2015，25 (5)：741—747.

[57] 贾瀚文，裴佃飞，吴钦正，等. 阿尔哈达铅锌矿采空区群治理方案 [J]. 采矿与岩层控制工程学报，2021，3 (3)：1—7.

[58] 周宗红，任凤玉，袁国强. 桃冲铁矿采空区处理方法研究 [J]. 中国矿

业，2005（2）：17−18.

[59] 任凤玉，李海英，任美霖，等. 书记沟铁矿相邻空区诱导冒落技术研究 [J]. 中国矿业，2012（s1）：378−380.

[60] 任凤玉，翟会超，曹建立，等. 排山楼金矿采空区充填技术研究 [J]. 中国矿业，2012，21（1）：72−74.

[61] 李俊平，彭作为，周创兵，等. 木架山采空区处理方案研究 [J]. 岩石力学与工程学报，2004，23（22）：3884−3884.

[62] 刘献华. 紫金山金矿采空区处理技术研究 [J]. 中国矿山工程，2002，31（1）：20−22.

[63] 陈庆发，周科平，胡建华，等. 碎裂矿段开采与空区处理协同研究 [J]. 中南大学学报（自然科学版），2010，41（2）：728−735.

[64] 刘洪磊，杨天鸿，黄德玉，等. 桓仁铅锌矿复杂采空区处理方案 [J]. 东北大学学报（自然科学版），2011，32（6）：871−874.

[65] 潘懿，崔继强. 露天矿山下覆复杂采空区处理技术应用研究 [J]. 采矿技术，2013（6）：72−74.

[66] 张飞，田睿，菅玉荣，等. 内蒙古某多金属矿 2 号矿体采空区处理方案探讨 [J]. 金属矿山，2011，40（7）：47−50.

[67] 徐必根，王春来，唐绍辉，等. 特大采空区处理及监测方案设计研究 [J]. 中国安全科学学报，2007，17（12）：147.

[68] 陈庆发，周科平，胡建华. 高峰矿 105 号矿体碎裂矿段采空区稳定性离散元分析 [J]. 矿冶工程，2009，29（4）：14−17.

[69] 吴爱祥，王贻明，胡国斌. 采空区顶板大面积冒落的空气冲击波 [J]. 中国矿业大学学报，2007，36（4）：473−477.

[70] 王金安，李大钟，马海涛. 采空区矿柱—顶板体系流变力学模型研究 [J]. 岩石力学与工程学报，2010，29（3）：577−582.

[71] 杜坤，李夕兵，刘科伟，等. 采空区危险性评价的综合方法及工程应用 [J]. 中南大学学报（自然科学版），2011，42（9）：2802−2811.

[72] 章林，孙国权，李同鹏，等. 地下矿山采空区探测及综合治理研究与应用 [J]. 金属矿山，2013（11）：1−4.

[73] 尚振华，唐绍辉，焦文宇，等. 基于 FLAC 3D 模拟的大规模采空区破坏概率研究 [J]. 岩土力学，2014（10）：3000−3006.

[74] 宫凤强，李夕兵，董陇军，等. 基于未确知测度理论的采空区危险性评价研究 [J]. 岩石力学与工程学报，2008，27（2）：323−330.

[75] Li L C, Tang C A, Zhao X D, et al. Block caving–induced strata movement and associated surface subsidence: a numerical study based on a demonstration model [J]. Bulletin of Engineering Geology and the Environment, 2014, 73 (4): 1165−1182.

[76] 李启月, 刘恺, 李夕兵. 基于协同回采的深部厚大矿体分段充填采矿法 [J]. 工程科学学报, 2016, 38 (11): 1515−1521.

[77] Zhao H J, Ma F S, Xu J M, et al. Preliminary quantitative study of fault reactivation induced by open–pit mining [J]. International Journal of Rock Mechanics and Mining Sciences, 2013 (59): 120−127.

[78] Vyazmensky A, Elmo D, Stead D. Role of rock mass fabric and faulting in the development of block caving induced surface subsidence [J]. Rock Mechanics and Rock Engineering, 2010 (43): 533−556.

[79] 钱鸣高, 缪协兴, 许家林. 岩层控制中的关键层理论研究 [J]. 煤炭学报, 1996 (3): 225−230.

[80] 郝延锦, 吴立新, 戴华阳. 用弹性板理论建立地表沉陷预计模型 [J]. 岩石力学与工程学报, 2006, 25 (1): 2958−2962.

[81] Ju J F, Xu J L. Surface stepped subsided related to top–coal caving longwall mining of extremely thick coal seam under shallow cover [J]. International Journal of Rock Mechanics and Mining Sciences, 2015 (78): 27−35.

[82] Sun Q, Zhang J X, Zhang Q, et al. Analysis and prevention of geo–environmental hazards with high–intensive coal mining: A case study in China's western eco–environment frangible area [J]. Energies, 2017, 10 (6): 786.

[83] Wang J A, Tang J, Jiao S H. Seepage prevention of mining–disturbed riverbed [J]. International Journal of Rock Mechanics and Mining Sciences, 2015 (75): 1−14.

[84] Zhao Y, Yang T H, Marco B, et al. Study of the rock mass failure process and mechanisms during the transformation from open–pit to underground mining based on microseismic monitoring [J]. Rock Mechanics and Rock Engineering, 2018 (51): 1−21.

[85] Xu N X, Zhang J Y, Tian H, et al. Discrete element modeling of strata and surface movement induced by mining under open–pit final slope [J].

International Journal of Rock Mechanics and Mining Sciences, 2016 (88): 61—76.

[86] 陈从新，夏金瑞. 复杂条件下地下采矿稳定性研究 [M]. 武汉：湖北科学技术出版社，2005.

[87] C. Г. 阿威尔辛. 煤矿地下开采的岩层移动 [M]. 北京矿业学院矿山测量教研组，译. 北京：煤炭工业出版社，1959.

[88] M. 鲍莱茨基，M. 胡戴克. 矿山岩体力学 [M]. 于振海，刘天泉，译. 北京：煤炭工业出版社，1985.

[89] 沙拉蒙. 地下工程的岩石力学 [M]. 田良灿，译. 北京：冶金工业出版社，1982.

[90] Toraño J，RodríGuez R，RamíRez-Oyanguren P. Probabilistic analysis of subsidence-induced strains at the surface above steep seam mining [J]. International Journal of Rock Mechanics and Mining Sciences, 2000，37 (7)：1161—1167.

[91] Kracsch H. Mining. Subsidence Engineering [M]. Berlin：Springer Verlag，1983.

[92] Brauner. Subsidence due to underground mining [M]. New York：Bureau of Mines，1973.

[93] Salmi E F，Nazem M，Karakus M. Numerical analysis of a large landslide induced by coal mining subsidence [J]. Engineering Geology, 2017 (217)：141—152.

[94] 刘宝琛，廖国华. 煤矿地表移动的基本规律 [M]. 北京：中国工业出版社，1965.

[95] 钱鸣高，缪协兴，许家林. 岩层控制中的关键层理论研究 [J]. 煤炭学报，1996 (3)：225—230.

[96] 刘天泉. 矿山岩体采动影响与控制工程学及其应用 [J]. 煤炭学报，1995 (1)：1—5.

[97] 谢和平. 非线性力学理论与实践 [M]. 徐州：中国矿业大学出版社，1997.

[98] 何国清，马伟民，王金庄. 威布尔分布型影响函数在地表移动计算中的应用——用碎块体理论研究岩移基本规律的探讨 [J]. 中国矿业大学学报，1982 (1)：4—23.

[99] 王泳嘉，邢纪波. 离散单元法及其在岩土力学中的应用 [M]. 沈阳：

东北大学出版社,1991.

[100] 赵海军,马凤山,李国庆,等. 断层上下盘开挖引起岩移的断层效应 [J]. 岩土工程学报,2008,30 (9):1372-1375.

[101] 袁海平,王继伦,赵奎,等. 采空区形态对地表塌陷分布影响研究 [J]. 金属矿山,2011,40 (11):25-28.

[102] 夏开宗,陈从新,夏天游,等. 结构面对程潮铁矿西区地表变形的影响 分析 [J]. 岩土力学,2015,36 (5):1389-1396.

[103] 王悦汉,邓喀中,吴侃,等. 采动岩体动态力学模型 [J]. 岩石力学与 工程学报,2003,22 (3):352-352.

[104] 李海英,任凤玉,严国富,等. 露天转地下过渡期岩移危害控制方法 [J]. 东北大学学报(自然科学版),2015,36 (3):419-422.

[105] 任凤玉,张东杰,李海英,等. 露天地下协同采矿充填方法 [J]. 金属 矿山,2015,44 (3):28-31.

[106] 张成平,张顶立,王梦恕,等. 城市隧道施工诱发的地面塌陷灾变机制 及其控制 [J]. 岩土力学,2010,31 (S1):303-309.

[107] Cao S, Song W, Deng D, et al. Numerical simulation of land subsidence and verification of its character for an iron mine using sublevel caving [J]. International Journal of Mining Science and Technology, 2016 (26):327-332.

[108] 刘辉,何春桂,邓喀中,等. 开采引起地表塌陷型裂缝的形成机理分析 [J]. 采矿与安全工程学报,2013,30 (3):380-384.

[109] 邓清海,袁仁茂,马凤山,等. 地面沉降的GPS监测及其基于GIS的时 空规律分析 [J]. 北京大学学报(自然科学版),2007,43 (2):278-281.

[110] 刘玉成,庄艳华. 地下采矿引起的地表下沉的动态过程模型 [J]. 岩土 力学,2009,30 (11):3406-3410.

[111] 赵晓东,宋振骐. 岩层移动复合层板模型的系统方法解析 [J]. 岩石力 学与工程学报,2001,20 (2):197-197.

[112] 张亚民,马凤山,徐嘉谟,等. 高应力区露天转地下开采岩体移动规律 [J]. 岩土力学,2011 (S1):590-595.

[113] 黄平路,陈从新,肖国峰,等. 复杂地质条件下矿山地下开采地表变形 规律的研究 [J]. 岩土力学,2009,30 (10):3020-3024.

[114] 周晓超,周铭,李小武. 缓倾斜矿体开采地表沉降模拟 [J]. 金属矿山,

2015, 44（1）：16-19.

[115] 贡长青，郝文辉，任改娟，等. 基于弹性薄板理论的煤矿采空区地表沉陷预测 [J]. 中国地质灾害与防治学报，2011，22（1）：63-68.

[116] 宋卫东，杜建华，杨幸才，等. 深凹露天转地下开采高陡边坡变形与破坏规律 [J]. 工程科学学报，2010，32（2）：145-151.

[117] 胡静云，李庶林，林峰，等. 特大采空区上覆岩层地压与地表塌陷灾害监测研究 [J]. 岩土力学，2014，35（4）：1117-1122.

[118] 张浩然. 岩体结构面地质特征与几何要素研究 [D]. 南京：河海大学，2008.

[119] 韩业鸣，刘正桃，方同辉，等. 红石铜矿裂隙构造分布特征研究 [J]. 科学技术与工程，2011，11（20）：4709-4714.

[120] 林韵梅. 岩体基本质量定量分级标准 BQ 公式的研究 [J]. 岩土工程学报，1999，21（4）：481-485.

[121] 朱合华，张琦，章连洋. Hoek-Brown 强度准则研究进展与应用综述 [J]. 岩石力学与工程学报，2013，32（10）：1945-1963.

[122] 胡盛明，胡修文. 基于量化的 GSI 系统和 Hoek-Brown 强度准则的岩体力学参数的估计 [J]. 岩土力学，2011，32（3）：861-866.

[123] 孙金山，卢文波. Hoek-Brown 经验强度准则的修正及应用 [J]. 武汉大学学报（工学版），2008，41（1）：63-66.

[124] 黄高峰. Hoek-Brown 强度准则在岩体工程中的应用研究 [D]. 杨凌：西北农林科技大学，2008.

[125] 宋彦辉，巨广宏. 基于原位试验和规范的岩体抗剪强度与 Hoek-Brown 强度准则估值比较 [J]. 岩石力学与工程学报，2012，31（5）：1000-1006.

[126] 任凤玉. 随机介质放矿理论及其应用 [M]. 北京：冶金工业出版社，1994.

[127] 任凤玉，李海英. 金属矿床露天转地下协同开采技术 [M]. 北京：冶金工业出版社，2018.

[128] 任凤玉，周颜军，何荣兴，等. 采空区预留矿柱与充填协同处理技术研究 [J]. 矿业研究与开发，2018，38（3）：25-30.

[129] 马姣阳，任凤玉，何荣兴，等. 双鸭山铁矿诱导冒落法试验研究 [J]. 东北大学学报（自然科学版），2016，37（1）：69-73.

[130] 何荣兴，任凤玉，宋德林，等. 和睦山铁矿倾斜厚矿体诱导冒落规律

研究 [J]. 采矿与安全工程学报，2017，34（5）：899−904.

[131] Trinh N, Jonsson K. Design considerations for an underground room in a hard rock subjected to a high horizontal stress field at Rana Gruber, Norway [J]. Tunnelling & Underground Space Technology Incorporating Trenchless Technology Research，2013，38（3）：205−212.

[132] 林志斌，李元海，高文艺，等. 非构造应力下圆形巷道的内部变形破裂规律研究 [J]. 采矿与安全工程学报，2015，32（3）：491−497.

[133] Hoek Evert. Support of underground excavations in hard rock [M]. Washington：Taylor & Francis，1995

[134] 陈晓祥，王雷超，付东辉. 孤岛工作面动压回采巷道平移变形力学机制及控制技术研究 [J]. 采矿与安全工程学报，2015，32（4）：552−558.

[135] 翟会超. 排山楼金矿活动空区安全治理技术研究 [D]. 沈阳：东北大学，2012.

[136] 李海英，任凤玉，陈晓云，等. 深部开采陷落范围的预测与控制方法 [J]. 东北大学学报（自然科学版），2012，33（11）：1624−1627.

[137] 王昌汉. 放矿学 [M]. 北京：冶金工业出版社，1982.

[138] 王燕. 弓长岭铁矿东南区露天井下协同开采技术研究 [D]. 沈阳：东北大学，2013.

[139] 付玉华. 露天转地下开采岩体稳定性及岩层移动规律研究 [D]. 长沙：中南大学，2010.

[140] 巫德胜. 影响岩体稳定的工程因素例析 [J]. 水电站设计，2004，20（3）：69−72.

[141] 李腾. 大型金矿深部充填法采场围岩稳定性分析及控制 [D]. 北京：北京科技大学，2019.

[142] 王维纲，耿虔. 采矿设计中的陷落角问题 [J]. 中国矿业，2000（3）：34−38.

[143] 饶小明，陈建宏，郑海力，等. 利用模糊数学优选深井开拓方案 [J]. 矿业研究与开发，2011，31（1）：6−8.

[144] 陈海远，汪亮，李全京. 基于模糊数学优选采矿方法的研究 [J]. 现代矿业，2012，28（8）：65−67.

[145] 李春光. 模糊数学在采矿工程中的应用 [J]. 科学技术创新，2012（5）：106.

[146] 胡洪文，范春宝，谭伟，等. 基于模糊数学的采矿方法优选研究 [J].

现代矿业，2014，30（10）：1-5.

[147] 陶明，陶明，罗福友. 基于层次分析法与模糊数学的采矿方法优选 [J]. 采矿技术，2016，16（3）：14-17.

[148] Saaty T L. Axiomatic foundation of the analytic hierarchy process [J]. Management Science，1986，32（7）：841-855.

[149] 王青，任凤玉，顾晓薇，等. 采矿学 [M]. 2版. 北京：冶金工业出版社，2011.

[150] 岳中文. 无底柱分段崩落法采场结构参数优化研究 [J]. 煤炭学报，2010，35（8）：1269-1272.

[151] 陶干强，刘振东，任凤玉，等. 无底柱分段崩落法采场结构参数优化研究 [J]. 煤炭学报，2010，3（8）：1269-1272.

[152] 马海军. 基于VB6.0采空区风险评价模型研究及系统应用 [D]. 昆明：昆明理工大学，2010.

[153] 龙维祺，于亚伦. 井下空气冲击波 [M]. 北京：冶金工业出版社，1979.

[154] 王彦昭，夏辉亚. 矿石垫层消波的试验研究 [J]. 有色金属（矿山部分），1992（5）：44-48.

[155] 曹建立，任凤玉. 诱导冒落法处理时采空区散体垫层的安全厚度 [J]. 金属矿山，2013，43（3）：45-48.

[156] 李楠，常帅，任凤玉. 崩落法纵向分区开采冒落危害防治技术 [J]. 金属矿山，2016，45（9）：62-65.

[157] 王述红，宁新亭，任凤玉. 崩落采矿法覆盖层合理保有厚度的探讨 [J]. 东北大学学报（自然科学版），1998，19（5）：459-461.

[158] 胡静云，李庶林，林峰，等. 特大采空区上覆岩层地压与地表塌陷灾害监测研究 [J]. 岩土力学，2014，35（4）：1117-1122.

[159] Ren F Y, Zhang D J, Cao J L, et al. Study on the rock mass caving and surface subsidence mechanism based on an in situ geological investigation and numerical analysis [J]. Mathematical Problems in Engineering，2018（4）：1-18.

[160] 丁艳伟，王宁，卢萍，等. 挂帮矿崩落法开采顶板破坏规律及地表岩移数值模拟 [J]. 金属矿山，2014，43（2）：49-54.

[161] 郭延辉. 狮子山铜矿崩落法深部开采岩体与地表移动规律研究 [D]. 昆明：昆明理工大学，2011.

[162] Tang C A. Numerical simulation on progressive failure leading to

collapse and associated seismicity [J]. International Journal of Rock Mechanics and Mining Sciences, 1997 (34): 249−261.

[163] 大连力软科技有限公司. RFPA user manual [EB/OL]. [2022−02−16]. https://www.docin.com/p−478100247.html.

[164] Li L C, Yang T H, Liang Z Z, et al. Numerical investigation of groundwater outbursts near faults in underground coal mines [J]. International Journal of Coal Geology, 2011 (85): 276−288.

[165] Li L C, Tang C A, Zhu W C. Numerical analysis of slope stability based on the gravity increase method [J]. Computers and Geotechnics, 2009 (36): 1246−1258.

[166] Crane W R. Subsidence and ground movement in the copper and iron mines of the Upper Peninsula [M]. Michigan: USBM Bull, 1929.

[167] Vyazmensky A, Elmo D, Stead D. Role of rock mass fabric and faulting in the development of block caving induced surface subsidence [J]. Rock Mechanics and Rock Engineering, 2010, 43 (5): 533−556.

[168] 李连崇, 唐春安, 梁正召, 等. 煤层底板陷落柱活化突水过程的数值模拟 [J]. 采矿与安全工程学报, 2009, 26 (2): 158−162.

[169] Wong T F, Wong R H C, Chau K T, et al. Microcrack statistics, Weibull distribution and micromechanical modeling of compressive failure in rock [J]. Mechanics of Materials, 2006 (38): 664−681.

[170] Fan L M, Huang R Q. Probability model for estimating connectivity rate of discontinuities and its engineering application [J]. Chinese Journal of Rock Mechanics and Engineering, 2003, 22 (5): 723−723.

[171] Meng G T, Fang D, Li L Q, et al. Study of equivalent strength parameters of ubiquitous joint model for engineering rock mass with preferred intermittent joints [J]. Chinese Journal of Rock Mechanics and Engineering, 2013, 32 (10), 2115−2121.

[172] Li C C. Rock support design based on the concept of pressure arch [J]. International Journal of Rock Mechanics and Mining Sciences, 2006 (43):1083−1090.

[173] Li M Y, Zhang H P, Xing W, et al. Study of the relationship between surface subsidence and internal pressure in salt caverns [J]. Environmental Earth Sciences, 2015 (73): 6899−6910.

［174］夏开宗，陈从新，付华，等. 程潮铁矿西区不同采矿水平下的岩体变形规律分析［J］. 岩石力学与工程学报，2016，35（4）：792－805.

［175］Villegas T，Nordlund E，Dahner－Lindqvist C. Hanging wall surface subsidence at the Kiirunavaara mine ［J］. Engineering Geology，2011（121）：18－27.